科学出版社"十四五"普通高等教育本科规划教材

化学实验技术与操作

主　编　盛春泉

副主编　苏　娟　李　剑　罗海彬

编　者（以姓氏笔画为序）

苏　娟（中国人民解放军海军军医大学）

李　玲（中国人民解放军海军军医大学）

李　剑（华东理工大学）

李敏勇（山东大学）

邹　燕（中国人民解放军海军军医大学）

沈颂章（中国人民解放军海军军医大学）

张　弛（中国人民解放军海军军医大学）

林美玉（中国人民解放军海军军医大学）

罗海彬（海南大学）

赵庆杰（中国人民解放军海军军医大学）

段雅倩（中国人民解放军海军军医大学）

盛春泉（中国人民解放军海军军医大学）

科学出版社

北　京

内 容 简 介

本书是作者在多年化学实验教学经验的基础上编著而成，主要介绍了化学实验室环保、安全等方面的规则，常用电子仪器的使用，化学实验常用技术的原理和操作方法，收录了 20 个基础与技能性实验和 11 个综合设计性实验。书末附有常用的数据表及有关知识。书中涉及的仪器和操作配套有视频。

本书可作为药学类、临床类本科专业化学实验教材或教学参考书，也可供化学相关专业质检和分析人员阅读参考。

图书在版编目（CIP）数据

化学实验技术与操作/盛春泉主编 . —北京：科学出版社，2024.1
科学出版社"十四五"普通高等教育本科规划教材
ISBN 978-7-03-076521-5

Ⅰ.①化… Ⅱ.①盛… Ⅲ.①化学实验–高等学校–教材 Ⅳ.① O6-3

中国国家版本馆 CIP 数据核字（2023）第 189568 号

责任编辑：王镭韫/责任校对：宁辉彩
责任印制：赵 博/封面设计：陈 敬

科 学 出 版 社 出版
北京东黄城根北街 16 号
邮政编码：100717
http://www.sciencep.com
保定市中画美凯印刷有限公司印刷
科学出版社发行 各地新华书店经销
*
2024 年 1 月第 一 版 开本：787×1092 1/16
2024 年 8 月第二次印刷 印张：9
字数：260 000

定价：55.00 元
（如有印装质量问题，我社负责调换）

前　言

　　化学是一门以实验为基础的学科，实验是化学的灵魂与精髓所在。加强化学实验教学是实施素质教育、提高化学教学质量的重要环节，更是促进知识向能力转化、培养具有创新素质人才的重要途径。通过实验，可加深学生对化学基本理论与基本概念的理解，使其学会正确使用常用仪器，培养其动手、观察、思维及表达等多方面的能力和严谨求实的科学态度，从而为后续的课程打下良好基础，也为将来从事专业工作提供方法、开拓思路。

　　本书以实验技术为主线，注重"打牢基础、联系实际、关注前沿"，将大学化学实验的特点、科学规律与现代医药卫生人才培养的需要相融合。本书共分为5章，分别为化学实验室规则和基本知识、化学实验室常用电子仪器的使用、化学实验基本操作、基础与技能性实验、综合设计性实验，涵盖了大学化学基础实验教学的内容。书后设有附录，收录了化学实验常用的数据表、试剂性质及理化常数、一些溶液的配制方法等。

　　本书最主要的特点：以实验技术为主线，将传统的无机化学实验、分析化学实验、有机化学实验、物理化学实验四大化学实验的主要实验技术有机结合在一起；实验项目充分体现基础实验、综合实验、特色创新实验三个层次，有利于培养学生创新能力与综合能力；将基本实验方法和现代仪器相结合、经典实验内容和化学学科前沿相结合、技术创新和素质培养相结合，有助于师生互动和学生自主学习；顺应"互联网＋"的发展趋势，推进信息技术与教育教学的融合，利用二维码技术将教学视频、辅助教学资源整合到教材当中，图、文、声、像并茂。

　　本书可作为药学、中药学、生物技术、临床、护理等本科专业学生化学实验教材或教学参考书，也可供化学相关专业质检和分析人员阅读参考。

　　由于水平有限，编写中难免有不足之处，敬请读者指正。

编　者

2023年1月

目　　录

第一章 化学实验室规则和基本知识

第一节 实验室环境保护

化学实验中产生的"三废"（有毒废气、废液和废渣）容易污染环境，造成公害，因此处置实验过程中产生的有毒、有害物质，对于环境保护和人身安全显得十分必要。

一、废气的处理与排放

产生少量有毒气体的实验可以在通风橱中进行，通过排风设备把有毒废气排到室外，利用室外的大量空气来稀释有毒废气。

产生大量有毒气体的实验应该安装气体吸收装置来吸收有毒气体，然后进行处理。例如，卤化氢、SO_2 等酸性气体，可以用 NaOH 溶液吸收后排放；碱性气体可用酸溶液吸收后排放；CO 可点燃转化为 CO_2 后排放。

二、废液的处理与排放

废酸和废碱溶液须经过中和处理，调节 pH 至 6~8，并用大量水稀释后方可排放；含有毒物质的废液应在除去有毒物质后再排放。

含镉离子：加入消石灰等碱性试剂，使所含的镉离子形成氢氧化物沉淀而除去。

含六价铬化合物：在铬酸废液中，加入 $FeSO_4$、Na_2SO_3，使其变成三价铬后，再加入 NaOH 或 Na_2CO_3 等碱性试剂，调节 pH 至 6~8，使三价铬形成 $Cr(OH)_3$ 沉淀而除去。

含氰化物：可用氯碱法处理，将废液调节成碱性后，通入 Cl_2 或加入 NaClO，使氰化物分解成 CO_2 和 N_2 而除去。也可用铁蓝法进行处理，在含氰化物的废液中加入 $FeSO_4$，使其变成 $Fe(CN)_2$ 沉淀而除去。

含汞及其化合物：处理少量含汞废液常采用化学沉淀法，在含汞废液中加入 Na_2S，使其生成难溶的 HgS 而除去。

含铅盐及其他重金属离子：在废液中加入 Na_2S 或 NaOH，使铅盐及重金属离子生成难溶性的硫化物或氢氧化物而除去。

含砷及其化合物：在废液中加入 $FeSO_4$，然后用 $Ca(OH)_2$ 调节 pH 至 9，使砷及其化合物形成难溶性的亚砷酸盐或砷酸盐并和 $Fe(OH)_3$ 产生共沉淀，经过滤而除去。还可用硫化物沉淀法，即在废液中加入 H_2S 或 Na_2S，生成硫化砷沉淀而除去。

三、废渣处理

普通废渣，如火柴棒、滤纸片等可直接倒入干垃圾桶。

废玻璃、有毒有害废渣应回收至专用回收桶，交由专业公司处理。

第二节 实验室安全规则

化学试剂多为易燃、易爆、有腐蚀性或有毒的物质，如果不严格遵守操作规程，就有可能造成烫伤、失火和中毒等事故。因此，必须高度重视安全问题。在每次实验前应充分了解实验过程中的安全注意事项，实验时集中注意力，严格遵守操作规程，以避免事故发生。若发生意外事故，应立即处置。

1. 进入实验室的实验人员，必须熟悉实验室及周围环境，如水阀、电闸、洗眼器、淋浴器、灭火器及消防水源等设施位置，掌握安全设施使用方法。

2. 进入实验室必须穿好实验服，不得穿短裤、拖鞋。进行实验操作时必须佩戴护目镜。

3. 严格按照操作规程进行实验，发现异常情况立即停止并及时报告。实验中不得擅离岗位，不得独自一人从事危险性操作。

4. 涉及易燃、易爆物质（如乙醇、乙醚、丙酮等）的实验都必须在远离火源的地方进行；切勿将易燃有机溶剂倒入废液缸及下水道，不能用开口容器（如烧杯等）盛放有机溶剂，不可用明火直接加热装有易燃有机物的烧瓶等。

5. 产生有毒、有刺激性气体的实验要在通风橱内进行；当需借助嗅觉判别少量气体时，不可用鼻子直接对着瓶口或管口闻，而应用手轻拂，仅使少量气体进入鼻内。

6. 加热或浓缩液体时要十分小心，不能俯视正被加热的液体，用试管加热时试管管口不可指向自己或他人，以免液体溅出伤人。

7. 浓酸、浓碱具有强腐蚀性，使用时必须十分小心，注意不要溅在皮肤和衣服上，特别要注意保护眼睛；稀释浓硫酸时，应在不断搅拌下将浓硫酸慢慢注入水中，切不可将水倒入浓硫酸中，以免因局部过热使浓硫酸溅出伤人。

8. 使用试剂时，应确认容器上标注的名称是否为实验需要；未经许可不得随意进行化学实验或随便混合化学试剂；仪器和药品不得带出实验室。

9. 实验室内严禁饮食、抽烟；防止有毒试剂（如氰化物、汞盐、砷盐、铅盐、钡盐等）接触伤口；有毒废液不得倒入下水道，应回收后集中处理。

10. 如发生创伤、烫伤、腐蚀伤等事故时，应利用医药箱采取自救与互救措施，并及时报告教师；如遇突发事故，应按照安全通道示意图，及时、有序地撤离现场。

11. 不可用湿手操作电器，以防触电。

12. 实验完毕，应将实验台整理干净，洗净双手，确定水、电、煤气开关和门窗都关好后方可离开实验室。

第三节　实验室意外事故处理

一、烫　　伤

轻度烫伤可立即用冷水冲洗或浸泡伤处，用卫生纸轻轻吸干水分，然后在烫伤处搽上苦味酸或 0.05% $KMnO_4$ 溶液，再涂上烫伤药膏。烫伤较重时，应快速涂上苦味酸或 $KMnO_4$ 溶液并立即送医院治疗，不要把水疱挑破。

二、强酸、强碱腐蚀伤

强酸不慎滴落皮肤上，应先用大量自来水冲洗伤处，再用 3%～5% $NaHCO_3$ 溶液（或氯化钠注射液）冲洗，最后再用水洗。强碱腐蚀伤应先用大量自来水冲洗，再用 2% 硼酸溶液冲洗，最后再用水洗，如皮肤受伤可涂抹凡士林。

三、溴或苯酚灼伤

立即用乙醇洗去溴或苯酚，最后在受伤处涂抹甘油。

四、吸入有毒气体

如误吸入 Cl_2、HCl 等有毒气体，可吸入少量乙醇和乙醚的混合蒸气解毒；误吸入 H_2S 或 CO 而感到不适时，立即到室外呼吸新鲜空气。

五、毒物误入口内

将 5～10 mL 5% 硫酸铜溶液加到一杯温水中，内服后把手指伸入咽喉部，促使毒物呕出，然后立即送医院。

六、割　伤

伤处勿用手抚摸，也不可用水洗涤。如伤口较浅、较小，可先将伤口擦净，伤口内若有玻璃碎片等异物应取出，然后涂上碘伏，并用无菌纱布包扎，也可贴上"创可贴"。伤口较大、较深或流血不止时，应以无菌纱布压迫包扎后，立即送医院治疗。

七、触　电

立即切断电源，或尽快用绝缘物将触电物拨开。电源尚未切断时，千万不要直接用手去拉触电者。必要时用人工呼吸等急救措施抢救触电者。

八、试剂入眼

如酸入眼，应立即用洗眼器冲洗，再用 5% $NaHCO_3$ 溶液或氯化钠注射液冲洗，然后用蒸馏水冲洗，马上送医院治疗。

如碱入眼，则立即用洗眼器冲洗，再用 2% 硼酸溶液或氯化钠注射液冲洗，然后用蒸馏水冲洗，马上送医院治疗。

如有机试剂入眼，则立即用洗眼器冲洗，再用氯化钠注射液冲洗，然后用蒸馏水冲洗，马上送医院治疗。

第四节　化学试剂基础分类知识

早期的化学试剂只是指"化学分析和化学实验中为测定物质的组分或组成而使用的纯粹化学药品"，后来又被扩展为"为实现化学反应而使用的化学药品"，有人认为"在科学实验中使用的化学药品"都可称为化学试剂。对化学试剂更全面的定义是：在化学实验、化学分析、化学研究及其他实验中使用的各种纯度等级的化合物或单质。

化学试剂的品种繁多，分类方法国际上尚未有统一的规定。大多数国家按应用范围来划分，如通用试剂、分析试剂、标准试剂、临床化学试剂、电子工业用试剂等几类至几十类，每类下面还可分为若干亚类。也有国家用组成来分类的，如无机试剂、有机试剂、生化试剂、同位素标记试剂等，每类化学试剂下面也可分若干亚类，如无机试剂可分为酸、碱、盐、氧化物、单质等。

我国试剂按照纯度（杂质含量的多少）划分为高纯、基准试剂、分光纯、实验纯、优级纯、分析纯和化学纯等。国家和主管部门颁布质量指标的主要是优级纯、分析纯和化学纯。

优级纯（guaranteed reagent，GR，绿色标签）：又称一级试剂或保证试剂，适合于重要的精密分析工作和科学研究工作，有的可用作基准物质。

分析纯（analytical pure，AP，红色标签）：又称二级试剂，干扰杂质很低，适合于重要分析及一般研究工作。

化学纯（chemical pure，CP，蓝色标签）：又称三级试剂，存在干扰杂质，纯度与分析纯相差较大，适用于工矿、学校的一般分析工作。

实验纯（laboratory reagent，LR，黄色标签）：又称四级试剂，主成分含量高，纯度较差，杂质含量不做选择，只适用于一般化学实验和合成制备。

基准试剂（primary reagent，PT，绿色标签）：专门作为基准物质使用，可直接配制标准溶液。

分光纯（ultra violet pure，UV）：指使用分光光度分析法时所用的溶液，有一定的波长透过率，用于定性分析和定量分析。

纯度远高于优级纯的试剂称为高纯试剂（≥99.99%），分析实验常用高纯试剂，包括超纯、特纯、色谱纯、光谱纯等。此类试剂质量注重的是在特定方法分析过程中可能引起分析结果偏差，并对成分分析或含量分析产生干扰的杂质含量。

色谱纯（chromatography pure，GC/LC）：指色谱专用溶剂或者试剂，在低波长处的透光率比较好，也特指进行色谱分析时使用的标准试剂，在色谱条件下只出现指定化合物的峰，不出现杂质峰。

光谱纯（spectroscopic pure，SP）：用于光谱分析。由于有机物在光谱上显示不出，所以有时主成分达不到 99.9% 以上，使用时必须注意，特别是作为基准物质时，必须进行标定。

国外试剂厂生产的化学试剂的规格趋向于按用途划分，常见的如下：生化试剂（biochemical reagent，BC）；生物试剂（biological reagent，BR）；生物染色剂（biological stain，BS）；指示剂（indicator，IND）；配位滴定用（for complexometry，FCM）试剂。

第二章 化学实验室常用电子仪器的使用

第一节 普通电子仪器

一、离心机

离心机是利用离心力将悬浮液中的固体颗粒与液体分开，或将乳浊液中两种密度不同又互不相溶的液体分开的机械。

（一）使用方法

1. 打开离心机盖，将装有待分离物质的离心试管对称放入离心套管内。注意保持离心机的平衡，离心试管内盛放的溶液不能超过其容积的 2/3。

2. 关闭离心机盖。

3. 接通仪器电源，打开电源开关。

4. 设定适宜的离心时间和转速。离心时间和转速视沉淀性质而定。一般晶形沉淀转速为 1000 r/min，时间为 1～2 min；非晶形沉淀转速为 2000 r/min，时间为 3～4 min。

5. 启动离心机，离心。到达设定时间后，离心机会自动停止。

6. 打开离心机盖，轻轻取出离心试管。

7. 关闭离心机盖，罩上防尘罩。

（二）注意事项

1. 离心试管必须重量相近，对称放置，只有单份样品时，可在离心试管中装填蒸馏水配平。

2. 不可加外力强迫使离心机停止转动。

3. 离心机完全停稳后方可取出试管。

二、恒温磁力搅拌器

恒温磁力搅拌器是既能进行磁力搅拌，又能加热且温度稳定在 ±1℃的常用仪器。常见的恒温磁力搅拌器分为数显平板式恒温磁力搅拌器和数显集热式恒温磁力搅拌器两大类。

（一）数显平板式恒温磁力搅拌器

1. 使用方法

（1）在装有反应液的烧杯或锥形瓶中放入大小合适的 B 型（腰形）或 C 型（八面形）搅拌子。

（2）将烧杯或锥形瓶放在加热板中心，将温度计探头插入液面以下，且不碰触到搅拌子。

（3）打开电源，调节转速使搅拌子平稳运转，打开加热开关，调节所需温度。

（4）实验结束后，先关闭加热开关和搅拌旋钮，再关闭电源。

2. 注意事项

（1）转速不得过快，以免搅拌子公转打碎仪器。

（2）实验中不得空手触碰加热板，以免烫伤。

（3）使用过程中注意用电安全，实验结束必须拔下电源插头。

（二）数显集热式恒温磁力搅拌器

1. 使用方法

（1）根据所需温度在搅拌器内加入 3/4 容积的水或液状石蜡（又称石蜡油）作为导热介质。

（2）在圆底烧瓶中放入合适大小的 A 型（纺锤形）搅拌子。

（3）将圆底烧瓶固定在搅拌器中心，调节高度使圆底烧瓶的底部尽量接近但不碰触搅拌器的底部。

（4）打开电源，打开调速旋钮，检查搅拌子是否能平稳运转，如不能则调整圆底烧瓶的位置或更换搅拌子。

（5）搭好所需实验装置，投料完毕后，打开调速旋钮至适宜转速，打开加热开关，设定所需温度。

（6）实验结束后，先关闭加热开关和搅拌旋钮，再关闭电源。

2. 注意事项

（1）搅拌器中必须有足够量的液体才可以打开加热开关，严禁空烧。

（2）温度探头必须固定在搅拌器内且接触到导热介质。

（3）使用过程中注意用电安全，实验结束必须拔下电源插头。

三、旋转蒸发仪

旋转蒸发仪主要用于减压条件下浓缩溶液或回收溶剂，广泛应用于化学、生物医药等领域。旋转蒸发系统由旋转蒸发仪、循环水泵、低温冷阱、安全瓶组成。

（一）使用方法

1. 将旋转蒸发仪冷凝接口与低温冷阱连接，开启低温冷阱，设置冷凝温度（冷阱中根据所需温度添加合适的冷凝剂）。

2. 将旋转蒸发仪抽气口与安全瓶支管连接，将安全瓶导气管与循环水泵连接。接通旋转蒸发仪电源，打开主机开关（通电前应先检查箱体后插头是否对应插好）。

3. 调节升降机高度，调节蒸发瓶接口的角度（倾角在 20°～25° 时蒸发效果最佳）。

4. 装好蒸发瓶，卡上安全扣。调节蒸发瓶高度使之与水面接触。处理易燃、易爆、有毒、有腐蚀性或贵重溶液时，应使用防爆接头。

5. 开启循环水泵，关闭安全瓶活塞，关闭旋转蒸发仪进料口。旋转调速旋钮使蒸发瓶平稳转动，当压力稳定后，打开旋转蒸发仪加热槽开关，设置加热温度。

6. 蒸发结束后，关闭调速旋钮，按升降键调节蒸发瓶高度使之离开水面，打开安全瓶活塞，关闭循环水泵，取下安全扣，取下蒸发瓶，关闭低温冷阱及旋转蒸发仪电源开关。

（二）注意事项

1. 玻璃零件接装应轻拿轻放，装前应洗净，擦干或烘干。

2. 各磨口、密封圈及接头安装前都需要涂一层真空脂。

3. 加热槽通电前必须加水，不允许无水干烧。

4. 如负压不足需检查以下各部分。

（1）各接头、接口是否密封。

（2）主轴与密封圈之间真空脂是否涂好。

（3）循环水泵、安全瓶及橡皮管是否漏气。

四、烘干设备

实验中常需将玻璃仪器、实验产物等进行加热或烘干，常用的烘干设备有电吹风、气流烘干器、烘箱、真空干燥箱。

（一）电吹风

电吹风常用于单个玻璃仪器的烘干及加热滤纸和薄层板等。

使用电吹风时，先打开冷风，再切换到加热挡；吹风筒应距离物体至少 5 cm，距离太近有可能堵塞风口，同时避免仪器内的水打到电吹风上引起事故；不可以将风筒长时间停留在一处，应不断地变换风筒方向，防止局部过热甚至烧焦；电吹风停止前，先将热风挡切换到冷风挡，这样做的目的是将风筒内的电器元件余热吹出风筒，增加电吹风的使用寿命。

（二）气流烘干器

气流烘干器是利用热气流快速烘干玻璃器皿的小型烘干设备，具有快速、节能、无水渍、使用方便、维修简单等优点。

气流烘干器一般可调温 40～120℃。根据材质和温控方式分为 A、B、C 型，A 型为基本型，无温控装置；B 型为改进型，添加了温控器；C 型为不锈钢温控型。根据风管数量通常分为 12 孔、20 孔、30 孔等，如 C30 指 30 孔不锈钢温控型。

使用时将所需烘干的玻璃仪器沥干，倒扣在合适大小的风管上，打开风机开关和加热开关，调节旋钮至所需温度。使用完毕后先关闭加热开关，稍冷后再关闭风机开关，以免剩余热量滞留于设备内部，烧坏电机和其他部件。仪器在使用过程中不宜剧烈振动，以免待干燥器皿损坏。

（三）烘箱

实验室一般使用的是恒温鼓风干燥箱，主要是用来干燥玻璃仪器或烘干无腐蚀性、热稳定性比较高的样品。

使用时应注意温度的调节与控制。干燥玻璃仪器时应先沥干再自上而下地放入烘箱，以免残留的水滴使已烘热的玻璃仪器炸裂。温度一般控制在 60～110℃。用烘箱干燥药品时，温度应远低于药品熔点。

挥发性易燃物或以乙醇、丙酮淋洗过的玻璃仪器切勿放入烘箱内，以免发生爆炸。用乙醇与水或丙酮与水混合溶剂重结晶的样品，不得直接放入烘箱内干燥，应在空气中待易燃溶剂挥发尽后再烘干，并且烘箱的门不得关死，应留有缝隙或半敞开，以防发生爆炸。

取出烘干后的仪器时，应戴好棉纱手套，防止烫伤。

（四）真空干燥箱

真空干燥箱是专为干燥热敏性、易分解和易氧化物质而设计的干燥器，工作时可使工作室内保持一定的真空度，并能够向内部充入惰性气体，一些成分复杂的物品也能进行快速干燥。

真空干燥箱采用智能数字温度调节仪进行温度的设定、显示与控制。箱内被加热板分成若干层。将铺有待干燥药品的料盘放在加热板上，关闭箱门，箱内用真空泵抽成真空。通过智能数字温度调节仪控制加热板将药品加热到指定温度，水分即开始蒸发并被抽走。此设备易于控制，可冷凝回收被蒸发的溶媒，干燥过程中药品不易被污染，可以用在药品干燥、包材灭菌及热处理上。

使用时注意：真空箱外壳必须有效接地，以保证使用安全；在周围无腐蚀性气体、无强烈震动源及强电磁场存在的环境中方可使用；易燃、易爆、易产生腐蚀性气体的物品不可进行真空干燥。

第二节　精密电子仪器

一、电子分析天平

电子分析天平是一种集传感器技术、电磁学、模拟和数字电子技术、智能信息处理、材料、结构力学、精密机械及制造等多学科技术为一体的高尖端精密计量仪器，能精密称量物质质量，具有称量准确、稳定、快速的特点。

常用的电子分析天平有万分之一天平和十万分之一天平。电子分析天平的品牌及型号很多，其操作存在差异，但基本使用规程大同小异。本教材以 AL 系列电子分析天平为例。

（一）使用方法

1. 取下天平罩，检查天平状态（水平状态和清洁状况）。

2. 接通电源，预热 10 min，戴上手套，按"On/Off"键开机。

3. 称量

（1）加重法（固定质量称量法）：置干燥的容器或折叠好的称量纸于秤盘上，关上天平门，待读数稳定后，按"On/Off"键调零（去皮），放入所需称量样品，关上天平门，待读数稳定后读取质量并记录结果。

（2）减量法：用干净的纸条套住盛有试样的称量瓶，放在电子分析天平的秤盘上，关上天平门，稳定后记录读数；取出称量瓶，在接受试样的容器上方打开瓶盖并使称量瓶倾斜，用瓶盖轻轻敲击瓶口上沿，使试样缓缓落入容器中，估计倾出的试样已接近所需质量时，再边敲瓶口边慢慢将瓶身竖起，使黏附在瓶口上的试样落入容器或落回称量瓶中，盖好瓶盖。再将称量瓶放回秤盘，称重。如此重复操作，直到倾出的试样质量达到所需要求为止。最终质量和初始质量之差即为所倾出的试样的质量。

4. 称量完毕，长按"On/Off"键，直至显示屏出现"OFF"字样。

5. 清洁天平内部，关好天平门，盖上天平罩。

6. 在贵重仪器使用登记簿上做好使用登记。

（二）注意事项

1. 带入天平室的仪器外壁必须擦干，放入天平内的仪器必须完全干燥。

2. 被称量样品的质量应小于电子分析天平的最大称量范围。

3. 清洁天平必须在天平关闭状态下进行。

二、酸 度 计

酸度计又称 pH 计，是用来测定溶液酸碱度的仪器，广泛应用于化学、农业和工业等领域。酸度计的品牌及型号很多，其操作存在差异，但基本使用规程大同小异。本教材以 FiveEasy Plus 酸度计为例。

（一）使用方法

1. 打开电源，仪器自检。

2. 把 pH 复合电极从电解质溶液瓶中取出，先用蒸馏水冲洗 pH 电极，然后用滤纸轻轻吸干电极表面的水分。

3. 两点法校正 pH

（1）长按"模式设置"键进入标准液选择界面，根据所配标准溶液的 pH 选择合适的模式，按"读数"键确认，本教材以 pH 为 4.00、6.86、9.18 的标准液为例。

（2）将干净的电极下端放入 pH 为 6.86 的标准缓冲溶液中，确保电极的玻璃泡全部浸没到液面下，轻轻摇动装有缓冲溶液的小瓶，使标准缓冲溶液与玻璃电极均匀接触，待读数稳定后，按"校准"键进行第 1 点的标定。

（3）将电极如上步骤清洗、吸干水分，浸入 pH 为 4.00 或 9.18（根据待测溶液的 pH 范围选择）的标准缓冲溶液中，待读数稳定后，按"校准"键进行第 2 点的标定。

4. 再次按"读数"键，选择测量模式。将干净的电极下端放入待测溶液中，轻轻摇动装液容器，待读数稳定后读取 pH。

5. 取出电极，用蒸馏水冲洗干净电极。

6. 实验完毕，长按"退出"键关闭仪器。将电极插入原电解质溶液瓶中，旋上瓶盖。

（二）注意事项

1. 禁止触摸或擦拭电极玻璃泡，以免引起静电、污染或损坏玻璃泡。

2. 电极不可倒置，防止内部产生气泡影响测量结果。

3. 校正时应选择与待测溶液 pH 接近的标准缓冲溶液进行校正；若单点校正，两者 pH 相差不应超过 3 个 pH 单位。

4. 测定多个溶液 pH 时，按浓度由低到高的顺序测定。

三、电 导 率 仪

电导率（conductivity）是用来描述物质中电荷流动难易程度的参数。水的电导率与其所含无机酸、碱、盐的量有一定的关系，该指标常用于计算水中离子的总浓度（TDS）或含盐量（SAL）。

电导率仪是一款多量程仪器，能够满足从去离子水到海水等多种检测要求。本教材以 FiveEasy Plus 电导率仪为例。

（一）使用方法

1. 打开电源，仪器自检。

2. 把电导率电极插入仪器。

3. 长按"模式设置"键进入标准溶液选择界面，根据所配标准溶液的电导率选择合适的模式，按"读数"键确认；选择参比温度，按"读数"键确认；选择线性温度修正系数，按"读数"键确认；选择 TDS 参数，按"读数"键确认；选择温度显示模式，按"读数"键确认。

4. 将洗净擦干的电导率电极放入标准溶液中，按"校准"键，待读数稳定，仪器发出"嘀嘀"声后，记录电极的电导率参数。

5. 将洗净擦干的电导率电极放入待测溶液中，按"读数"键，待读数稳定，仪器发出"嘀嘀"声后，记录电导率数值。

6. 取出电极，用蒸馏水冲洗干净，擦干。

7. 如需记录 TDS 或 SAL，可轻按"模式设置"键切换测量模式。

8. 实验完毕，关闭仪器。将电极放回收纳盒。

（二）注意事项

1. 电导率电极使用完毕后必须洗净擦干，以免电极氧化。

2. 如果测量数据不稳定，应更换电极。

四、数字电位差综合测试仪

数字电位差综合测试仪是根据抵消法测量原理设计的一种电位测量仪器，它将普通电位差计、检流计、标准电池及工作电池合为一体，既保持了普通电位差计的测量结构，又保证了测量的高精确度。本教材以 SDC-Ⅱ数字电位差综合测试仪为例。

（一）使用方法

1. 预热　连接电源线，打开电源开关（ON），预热 15 min。

2. 标化

（1）将"测量选择"旋钮置于"内标"。

（2）将"补偿"旋钮逆时针旋到底，"10^0"位的旋钮置于"1"，其他旋钮均置于"0"，此时，"电位指示"显示"1.000 00"V。若显示小于"1.000 00"V，可顺时针调节"补偿"旋钮，使显示"1.000 00"V；若显示大于"1.000 00"V，应适当减小"$10^0 \sim 10^{-4}$"旋钮，使显示小于"1.000 00"V，再调节"补偿"旋钮，使显示"1.000 00"V。

（3）待"检零指示"显示的数值稳定后，按"采零"键，此时，"检零指示"显示为"0000"。

3. 测量

（1）将"测量选择"旋钮置于"测量"。

（2）用测试线将被测电动势按"＋""－"极与"测量插孔"对应连接。

（3）调节"$10^0 \sim 10^{-4}$"旋钮，使"检零指示"显示的数值为负且绝对值最小。

（4）调节"补偿"旋钮，使"检零指示"显示为"0000"，此时，"电位指示"显示的数值，即为被测溶液的电动势值。

4. 关机　关闭电源开关（OFF），再拔下电源线。

（二）注意事项

1. 铂电极接"＋"极，饱和甘汞电极接"－"极。

2. 测量过程中，若"检零指示"显示"out"，说明"电位指示"显示的数值与被测电动势值相差过大，应增大"10^0"档。

五、阿贝折光仪

阿贝折光仪用于测透明、半透明液体或固体的折射率，是化学、制糖工业、地质勘查等教学及科研单位的常用设备。本教材以 WYA 折射仪为例。

（一）使用方法

1. 将阿贝折光仪与恒温水槽相连接。

2. 设定恒温水槽的温度为所需测定温度。

3. 打开棱镜旋钮，滴入几滴丙酮在棱镜上，关闭棱镜几秒后再打开，用擦镜纸擦干。

4. 滴入几滴蒸馏水在棱镜上，关闭棱镜，打开遮光板，透过目镜观察视场。

5. 调节视距旋钮使视场清晰，旋转度盘手轮使视场内出现黑白界线，调节消色散手轮使黑白界线清晰，再旋转度盘手轮使黑白界线位于视场中心点。

6. 读数，重复3次，计算平均值，即为蒸馏水在测定温度下的折射率，查找折射率表中的对应数值，实际折射率与理论折射率的差值即为空白值。

7. 按照相同方法测定待测溶液的折射率数值，扣除空白值。

8. 实验完毕清洗、擦干棱镜。

（二）注意事项

1. 有机溶剂易挥发，测定速度要快。

2. 如果视场光线不足，可在仪器前方放置光源。

六、旋　光　仪

旋光仪是用于测定物质或溶液旋光度的仪器，通过对样品旋光度的测量，可以分析获得物质的旋光性、浓度、含量及纯度等。旋光仪广泛应用于化学，以及药品、食品等领域。本教材以 WXG-4 圆盘旋光仪和 SGW-1 自动微量旋光仪为例。

（一）WXG-4 圆盘旋光仪

1. 使用方法

（1）打开电源开关，预热 15 min。

（2）将装满空白溶液的盛液管放入旋光仪中，旋转视度调节旋钮，直到三分视场变得清晰。

（3）旋动度盘手轮，使游标尺上的 0 刻度线在刻度盘 0 度线左右移动，直到三分视场亮度一致，记录刻度盘读数，精确至小数点后两位，重复3次，取平均值即为空白对照值。

（4）将盛液管取出，换装待测样品后放入旋光仪，此时三分视场的亮度出现差异，旋转度盘手轮，使三分视场的亮度一致，记录刻度盘读数，精确至小数点后两位，重复3次，取平均值。

此读数与空白对照值之间的差值即为该物质的旋光度。

（5）以同样步骤使用同一盛液管按浓度从低至高顺序测定其他样品。

（6）实验结束，关闭电源，清洗、晾干盛液管，整理仪器。

2. 注意事项

（1）盛液管放入旋光仪时，膨大部分在上，注意盛液管管路中不能有气泡。

（2）当三分视场亮度过暗时，需检查更换灯管。

（二）SGW-1 自动微量旋光仪

1. 使用方法

（1）打开电源开关，预热 5 min。

（2）按"回车"键，依次输入模式（mode）、长度（L）、浓度（C）和测量次数（n）后再按"回车"键进入测量状态。

（3）将装满空白溶液的盛液管放入旋光仪中，盖上盒盖，待平均值出现后，按"清零"键。

（4）将盛液管取出，换装待测样品后放入旋光仪，盖上盒盖，记下测定平均值。

（5）以同样步骤使用同一盛液管按浓度从低至高顺序测定其他样品。

（6）实验结束，关闭电源，清洗、晾干盛液管，整理仪器。

（7）在贵重仪器使用登记簿上做好使用登记。

2. 注意事项

（1）仪器测量范围为 –45°～+45°，如样品超过范围，须稀释后测定。

（2）mode 1——旋光度、mode 2——比旋光度、mode 3——浓度、mode 4——糖度。

七、熔点测定仪

熔点测定是辨认物质本性的基本手段，也是纯度测定的重要方法之一，分为毛细管法和热台法，毛细管法熔点仪包括半自动熔点仪、全自动熔点仪，热台法熔点仪为显微熔点仪。本教材以 WRR 半自动熔点仪、WRS 自动熔点仪、WRX 显微熔点仪为例。

（一）WRR 半自动熔点仪

1. 使用方法

（1）打开电源开关，进入初始设定界面，显示屏出现

　　　　V: X.X　　　　T: XXX

其中，V: X.X　　　　表示前一次测量时的升温速率

　　　　T: XXX　　　　表示前一次测量时的起始温度

按"+""–"键设定升温速率，再按"→"键，进入起始温度设定，用"+""–"键和"→""←"键设定起始温度后，按"预置"键。

（2）将研成粉末的干燥试样置于洁净的表面皿上。取 3 根熔点毛细管，开口端朝下，插入粉末中，装填至高度为 5 mm。取一支长约 40 cm 的干净玻璃管，将熔点毛细管开口端朝上，在干净玻璃管中自由落下，重复 2～3 次，使试样装填紧密，高度约为 3 mm。擦净熔点毛细管外壁。

（3）当油浴实际温度达到设定起始温度后，小心放入装好样品的熔点毛细管。

（4）按"升温键"，油浴温度逐渐上升，注意观察熔点毛细管中样品变化，当样品出现潮湿、塌陷等熔化现象时，及时按"初熔1～初熔3"键，完全融化时，及时按"终熔1～终熔3"键。

（5）样品全部测完后，显示屏上显示平均值，记下熔点数据后，再按"预置"键返回初始设定界面。

（6）小心取出熔点毛细管，关闭电源。在登记簿上登记使用情况。

2. 注意事项

（1）使用前必须检查油浴管中硅油的量。

（2）起始温度应低于物质熔点下限10℃。

（3）温度测定范围为40～280℃，

（4）熔点毛细管插入仪器前须用软布将外面的污物清除。

（二）WRS自动熔点仪

1. 使用方法

（1）打开电源开关，设置起始温度和升温速率后按"预置"键。

（2）当实际炉温达到设定起始温度并稳定后，小心放入装好样品的熔点毛细管（填装方式同上）。

（3）按"升温"键开始升温，仪器按照设定参数自动测定样品的初熔温度和终熔温度，同时显示熔化曲线，并自动求出3管样品的平均值。

（4）测定结束后，关闭电源，待冷却后取出熔点毛细管。

（5）在贵重仪器使用登记簿上做好使用登记。

2. 注意事项

（1）起始温度不可超过300℃。

（2）仪器通过感光系统测定，因此不能测定深色固体物质，或熔化后变深色的物质。

（3）若某一根样品数据测定不准，可按"清除"键再按对应数字键，即可去除数据。

（三）WRX显微熔点仪

1. 使用方法

（1）打开显微镜电源开关，调节光源亮度为最大，将加热台放置在显微镜中心，使光路透过加热台透光孔。

（2）将适量样品放在载玻片上，盖好盖玻片。从加热台侧方入口插入，将样品置于光路中。调节焦距使显示器上可以清晰看见载玻片上的样品后取下载玻片，备用。

（3）打开加热台控制器开关，点击屏幕进入主界面，设定起始温度和升温速率，按"预置"键，系统自动控制加热，当加热台温度升至设定温度时，"升温"键点亮。

（4）将装有样品的载玻片放回加热台，按"升温"键开始升温，注意观察显示器上被测样品熔化情况，当样品开始熔化时，按"初熔"键，样品完全熔化时，按"终熔"键。

（5）系统自动记录初熔和终熔温度，记录后可按"返回"键进入主页面。

（6）测定结束后，关闭加热台电源，关闭显微镜电源，待冷却后取出载玻片。

（7）在贵重仪器使用登记簿上做好使用登记。

2. 注意事项

（1）第一次测定未知熔点样品时，可将样品放置在加热台上，设置起始温度为室温，升温速率为最大，开始测定样品的大致熔点。

（2）使用过程中不要碰触加热台，以免烫伤。

八、分光光度计

分光光度计是将成分复杂的光分解为光谱线的科学仪器，测量范围一般包括波长范围为380～780 nm的可见光区和波长范围为200～380 nm的紫外光区。根据可测量范围分为可见分光光度计和紫外-可见分光光度计。

本教材以V1100B可见分光光度计和Cary100紫外-可见分光光度计为例。

（一）V1100B可见分光光度计

1. 使用方法

（1）开启电源开关，关上比色槽盒盖，预热30 min。

（2）系统启动时默认为"A"模式，即吸光度模式，如需其他模式可按"mode"键进行切换。

（3）旋转波长旋钮选择所需单色光波长。

（4）装液，用擦镜纸小心擦干比色皿光学面上的水分（注意不可用力来回摩擦），在比色皿架的第一格上放入参比溶液，其余依次放入待测溶液，使比色皿的透光面对着光路，盖下比色槽盒盖。

（5）调节拉杆，使参比溶液置于光路中，按"▲"键校准 0 Abs/100% T，仪器显示"0.000 A"。

（6）轻轻抽出比色皿定位器杆（当拉杆到位时有定位感，到位时请前后轻轻推动一下以确保定位正确），读取待测溶液的吸光度值。

（7）如需测量透过率，则按"mode"键选择"T"模式，其他操作如上。

（8）实验完毕，打开比色槽盒盖，取出比色皿，关闭电源，并盖好比色槽盒盖。比色皿冲洗干净，用擦镜纸将比色皿外的水吸干，倒置晾干后再放入比色皿盒内。

2. 注意事项

（1）不测定时应打开暗箱盒盖，切断光路。

（2）比色皿内盛装的溶液不可超过其高度的 3/4，不可低于其高度的 2/3。

（3）拿取比色皿时只能捏住比色皿两侧的非透光（磨砂）面。

（4）比色皿在装液之前必须用待测溶液润洗。

（二）Cary100 紫外–可见分光光度计

1. 使用方法

（1）开启电脑主机和显示器开关，进入 Windows 桌面。

（2）开启光度计主机电源开关，仪器自检，预热 10 min。

（3）吸收光谱测定

1）双击"Cary winUV"图标，再点击"Scan"图标进入控制界面，按"Setup"键，对扫描起始波长和终止波长、量程方式、扫描控制、基线控制等参数根据需要依次设定，按"OK"键。

2）将装有对照溶液和样品液的比色皿分别放置在样品池的 1、2 位置，关闭样品室门。

3）按"Zero"键调零，按"Start"键，在"file name"中输入存储文件名，按"Save"键，在"sample name"中输入样品名，按"OK"键，仪器进行扫描。扫描完成后保存图谱，可按"Print"键打印。

（4）单波长测定

1）双击"Cary winUV"图标，再点击"Simple Read"图标进入控制界面，按"Setup"键，根据需要依次设定所需波长、读信号时间、光谱带宽、测定量程模式等参数，按"OK"键。

2）将装有对照溶液和样品液的石英比色皿分别放置在样品池的 1、2 位置，关闭样品室门。

3）按"Zero"键调零，按"Read"键，自动读出测定结果。可按"Print"键打印。

（5）标准曲线测定

1）双击"Cary winUV"图标，再点击"Concentration"图标进入控制界面，按"Setup"键，根据需要依次设定所需波长、光谱带宽、测定量程模式、曲线建立方法、标准品数量、浓度、测定数值单位等参数，按"OK"键。

2）将装有对照溶液和最低浓度标准溶液的石英比色皿分别放置在样品池的 1、2 位置，关闭样品室门。

3）按"Zero"键调零，按"Start"键，在"file name"中输入存储文件名，按"Save"键，在"sample name"中输入样品名，按"OK"键，按浓度从低到高依次测定。仪器进行标准曲线测定并分析。

4）标准品测定完后，放入待测样品，按"OK"键。仪器自动读出测定结果。

（6）实验完毕，取出比色皿，洗净倒置晾干。依次关闭电脑主机、显示器、仪器开关。

2. 注意事项

（1）请注意开机顺序，否则可能造成仪器无法正常工作。

（2）取用比色皿时，手指捏住磨砂面，以免留下指纹，影响实验结果。

九、荧光分光光度计

荧光分光光度计是用于扫描液相荧光标志物所发出的荧光光谱的一种仪器，广泛应用在化学、农业和工业等领域。荧光分光光度计的品牌及型号很多，其操作存在差异，但基本使用规程大同小异。本教材以 F-7000 荧光分光光度计为例。

（一）使用方法

1. 开启电脑和打印机，然后接通光度计左侧电源开关，约 5 s 后主机右上方两个指示灯全亮，仪器进入自检状态，通电预热 15 min。

2. 双击电脑桌面快捷方式"FL Solutions"，进入仪器操作界面，再点击"Measure"按钮，进入测定界面。

3. 分别设定"常规（General）""仪器条件（Instrument）""模拟画面（Monitor）""处理（Processing）""报告（Report）"5 个界面的参数。

4. 取四面透光的比色皿，装入约 2/3 高度的样品溶液，然后放入样品室内的试样槽中，固体样品放到专用的样品架上测定。

5. 按下"Measure"按钮，开始测量。数据经 Data parameter 处理后，再按下"Report"按钮即可输出打印数据。

6. 测试完毕，取出样品，退出操作软件系统并关闭氙灯。保持主机通电 10 min，最后关闭主机电源开关，盖上防尘罩。

7. 在贵重仪器使用登记簿上做好使用登记。

（二）注意事项

1. 请注意开机顺序，否则可能造成仪器无法正常工作。

2. 取用比色皿时，手指捏住棱角处，以免留下指纹，影响实验结果。

3. 实验结束后，保持主机通电 10 min，让灯室充分散热，增加使用寿命。

第三章 化学实验基本操作

第一节 常用玻璃仪器及其基本操作

玻璃仪器是化学实验中常用的容器。化学反应大多在溶液中进行,玻璃仪器与反应溶液直接接触,是否洁净直接影响实验成败。因此玻璃仪器的洗涤与干燥是一项基本而又极其重要的操作。

一、常用玻璃仪器图示

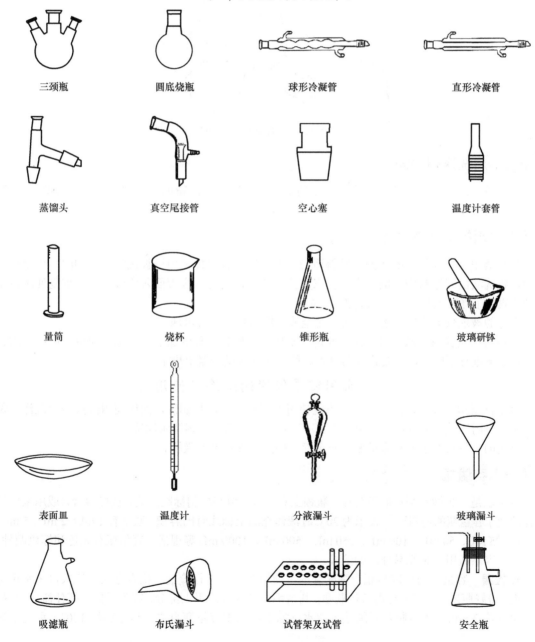

三颈瓶	圆底烧瓶	球形冷凝管	直形冷凝管
蒸馏头	真空尾接管	空心塞	温度计套管
量筒	烧杯	锥形瓶	玻璃研钵
表面皿	温度计	分液漏斗	玻璃漏斗
吸滤瓶	布氏漏斗	试管架及试管	安全瓶

二、常用玻璃仪器的洗涤与干燥

对仪器的洗涤需在实验完成后立即进行，防止实验残留、残渣侵蚀玻璃表面而造成洗涤难度加大甚至影响实验。洗涤应根据实验要求、污染程度和污染物的性质决定适当的方法。

（一）用水洗涤

使用自来水润湿仪器，再用毛刷刷洗，最后用蒸馏水润洗3～4次。蒸馏水常装在洗瓶中，挤压洗瓶使其喷出一股细水流，均匀地喷射在仪器内壁上并转动仪器，再将水倒掉，达到荡洗目的。洗瓶使用见图3-1-1。

图3-1-1　洗瓶使用示意图

（二）用洗涤剂洗涤

取少量自来水润湿仪器，用合适大小的毛刷蘸取适量去污粉或洗涤剂刷洗仪器内壁和外壁，然后用自来水冲洗干净，最后用蒸馏水润洗3～4次。

（三）用铬酸洗液洗涤

向仪器中倒入少量铬酸洗液，倾斜适当角度并转动仪器使其内壁被洗液充分润湿，重复转动几圈，将洗液倒回原瓶中。倒入少量自来水荡洗仪器，荡洗后废液倒入废液桶中。重复使用自来水冲洗直至干净，最后用蒸馏水润洗3～4次。

洗净的玻璃仪器应清洁透明，内壁完全被水湿润且不挂有水珠。

洗涤后的实验用玻璃仪器根据需要进行干燥，一般只需要洗涤后倒置晾干即可使用；要求在无水环境下进行反应的，需要将仪器放入烘箱中或气流烘干器上烘干。

三、常用容量仪器的洗涤与使用

容量仪器精密度高，因此洗涤时不能使用毛刷蘸取去污粉刷洗，而应使用洗液浸泡洗涤。常规方法是先用铬酸洗液洗涤，再用自来水冲洗几遍，最后使用蒸馏水润洗。

常用的容量仪器主要有容量瓶、滴定管、移液吸管及刻度吸管。

（一）容量瓶

容量瓶是一种细颈梨形的玻璃瓶，瓶颈上有标线，用来配制标准溶液、试样溶液，或用来定量稀释溶液。容量瓶的容量一般表示为20℃时液体充满至标线时的容积，通常有1 mL、2 mL、5 mL、10 mL、25 mL、50 mL、100 mL、250 mL、500 mL、1000 mL等规格。容量瓶有无色和棕色两种，其中棕色容量瓶用于见光易分解的溶液。

1. 检漏　容量瓶的瓶塞与瓶身是配套的，使用前需要进行检漏。检查方法：注入自来水至标线附近，盖好瓶塞，用左手食指按住瓶塞，其余手指拿住标线以上部分，右手用指尖托住瓶底边缘，将瓶倒立约2 min，观察瓶塞周围是否渗水，如不渗水将容量瓶直立，瓶塞旋转180°，重复上述操作。如不漏水方可使用，否则需要更换新的容量瓶。

2. 洗涤　容量瓶属于精密玻璃仪器，禁止刷洗，一般采用铬酸洗液或超声清洗。清洗时先倒入约 1/4 的洗液，盖好瓶塞，倾斜容量瓶缓慢旋转使洗液与内壁充分接触，不时打开瓶塞放气使产生的热量放出，最后将洗液倒回原瓶中。

洗液洗涤后，用少量自来水荡洗。按少量多次的原则，取少量自来水荡洗 2～3 次，直到内壁基本无残留洗液，含洗液的废水必须回收。然后用自来水冲洗容量瓶，冲洗液可倒入下水道，最后用蒸馏水润洗。

3. 使用

（1）溶解：容量瓶中盛放已溶解的溶液。如用固体配制溶液，应将固体物质放入烧杯中，加入适量溶剂，搅拌使其充分溶解。

（2）转移：溶液冷却至室温后沿玻璃棒转移至容量瓶中，玻璃棒需伸至瓶口下方，下端紧靠瓶颈内壁，烧杯尖嘴贴紧玻璃棒距离瓶口 1～2 cm。待溶液全部流完后，将玻璃棒轻轻上提，同时直立，使烧杯嘴上的溶液流回烧杯中，将玻璃棒放回烧杯中（注意不能靠在烧杯嘴上）。用少量溶剂洗涤烧杯及玻璃棒 3～4 次，并将每次洗涤液转移至容量瓶中。向容量瓶中加入溶剂至其容积的 2/3 时，水平旋摇容量瓶，初步混匀，此时切勿盖瓶塞。

（3）定容：用上述方法加入溶剂至标线附近时，用滴管逐滴加入溶剂至凹液面最低处与标线相切。

（4）混匀：盖紧瓶塞，用一只手食指压住瓶塞，另一只手托住容量瓶底部，不断旋转并摇动使溶液充分混匀（图 3-1-2）。

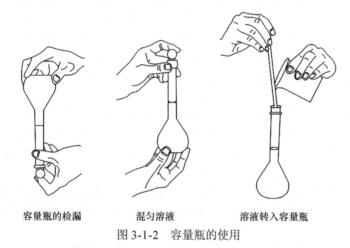

| 容量瓶的检漏 | 混匀溶液 | 溶液转入容量瓶 |

图 3-1-2　容量瓶的使用

4. 注意事项

（1）禁止在容量瓶中进行溶质溶解。

（2）容量瓶禁止加热，若溶质在溶解的过程中放热，须冷却后再转移至容量瓶中。

（3）容量瓶不能用来长期储存溶液。容量瓶洗净后需在塞子与瓶口之间夹纸条，防止粘连。

（二）滴定管

滴定管是滴定分析中最基本的量器，通常有 25 mL 和 50 mL 的规格，最小刻度为 0.1 mL，读数可估读到 0.01 mL。滴定管分为酸式滴定管和碱式滴定管两种，酸式滴定管用于盛装酸性或氧化性溶液，下端为玻璃旋塞。碱式滴定管用于盛装碱性溶液，下端用乳胶管连接尖嘴玻璃管，乳胶管内放置玻璃珠以控制流速。

滴定管又分无色和棕色两种，棕色滴定管用于盛装见光易分解的溶液。目前市场上有聚四氟乙烯旋塞的滴定管可以代替酸式或碱式滴定管（图 3-1-3）。

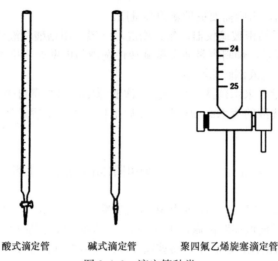

酸式滴定管　　　碱式滴定管　　聚四氟乙烯旋塞滴定管

图 3-1-3　滴定管种类

1. 检漏　滴定管使用前必须进行检漏。

碱式滴定管应先检验乳胶管是否老化，如果老化则需要更换。卸下尖嘴取出玻璃珠，更换合适的乳胶管，将玻璃珠挤入其中央。检漏时将滴定管装满水置于滴定管架上约 2 min，检查尖嘴处是否漏水，如漏水需更换乳胶管或玻璃珠直到合适为止。

酸式滴定管应检查活塞，如不灵活或不密闭则需要涂抹凡士林。取下旋塞用滤纸擦拭干净，在旋塞小孔两侧涂少量凡士林，注意不能涂到小孔上。然后将旋塞平行插入旋塞套中，向同一方向转动旋塞直到凡士林呈现均匀透明状且旋塞能灵活转动。检漏时将滴定管先装满水，用滤纸片检查旋塞周围是否渗水，如不漏则旋转 180°再次检查。如果漏水则重新涂抹凡士林。

聚四氟乙烯旋塞滴定管不需涂抹凡士林，如果漏水则调节螺母的松紧度。

2. 洗涤

（1）浸泡：碱式滴定管的乳胶管不能接触洗液，因此浸泡前必须取下，换上红胶头。滴定管中先加入 10～15 mL 洗液，再持平并不断转动使洗液与内壁充分接触。洗涤结束后将洗液从上口倒回洗液瓶并挤压红胶头使残余洗液流出，将滴定管在滴定管架上放置 2～3 min。同时将尖嘴玻璃管放入烧杯中，加入少量洗液浸泡 2～3 min 后取出。

酸式滴定管倒入洗液浸泡后应使部分洗液通过下端流出，其余洗液从上口倒回洗液瓶。

（2）荡洗：用少量自来水荡洗 2～3 次直到滴定管内壁和尖嘴玻璃管基本无残留洗液。注意每次荡洗液必须倒入废液缸。

（3）冲洗：用自来水冲洗滴定管内、外壁直至洗净。对于碱式滴定管，则需要先取下红胶头换上乳胶管和尖嘴玻璃管。

（4）润洗：用蒸馏水润洗 2～3 次，应使蒸馏水通过下端流出，洗涤完毕应将滴定管倒置固定在滴定管架上。

3. 使用

（1）润洗：装液前滴定管须用待装液润洗 2～3 次，如 25 mL 滴定管每次用约 5 mL。

（2）装液：手持滴定管上部无刻度处使其倾斜，右手持试剂瓶将待装液倒入滴定管至 0 刻度以上。

（3）排气泡：将碱式滴定管倾斜约 30°，用食指将乳胶管向上弯曲呈弓形，尖嘴斜向上方，用拇指和中指捏紧玻璃珠旁边的橡皮管，使溶液从尖嘴喷出的同时排出气泡（图 3-1-4）；

图 3-1-4　碱式滴定管排气泡

酸式滴定管可迅速打开旋塞将气泡冲出。

（4）调刻度：调节液面位置至 0 或 0～1 的某一刻度。

（5）初读数：滴定管垂直静置 1～2 min，使尖嘴内无气泡、尖嘴外不挂液滴。读数时用右手捏住上部无刻度处，取下滴定管使其自然下垂，视线与溶液凹液面最低处平齐，记录初读数。对于有色溶液，视线应与液面两侧的最高点相切。

（6）滴定：固定滴定管，调整高度，尖嘴距离锥形瓶口 1～2 cm，滴定时右手三指拿住锥形瓶颈，使尖嘴深入锥形瓶口内约 1 cm，瓶口不得碰尖嘴，单方向旋转锥形瓶，左手控制滴定管放液，注意观察锥形瓶中溶液颜色变化。

对于酸式滴定管，左手控制旋塞，大拇指在前，食指和中指在后，手心空握使旋塞产生向手心的旋力，以免旋塞松动脱落。聚四氟乙烯滴定管的使用方法同酸式滴定管。

对于碱式滴定管，左手大拇指和食指压在玻璃珠所在部位右侧稍上方的乳胶管，其余三指辅助夹住尖嘴，挤压乳胶管使玻璃珠向手心一侧移动，玻璃珠与乳胶管间形成缝隙，即可使液体滴下（图 3-1-5）。

（7）终读数：达到滴定终点后，取下滴定管，记录终读数。

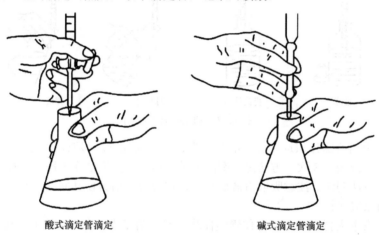

酸式滴定管滴定　　　　　　碱式滴定管滴定

图 3-1-5　滴定管的操作

4. 注意事项

（1）不得挤压玻璃珠下方的乳胶管，以免空气进入形成气泡。

（2）滴定时注意控制速度，开始时每秒 3～4 滴，近终点时滴速要慢，每加 1 滴摇匀 2 次，最后每加半滴摇匀 1 次。半滴的加入方法：放出少量溶液使其在尖嘴处悬而未滴，使滴液靠在锥形瓶内壁上，用洗瓶吹出少量蒸馏水冲洗内壁并摇匀。

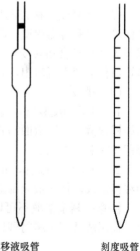

▌（三）刻度吸管及移液吸管

刻度吸管及移液吸管是用来准确移取一定体积液体的容量仪器，通常能准确到 0.01 mL。刻度吸管通常有 1 mL、2 mL、5 mL、10 mL 的规格，具有分刻度，可移取非整数体积的溶液。移液吸管通常有 1 mL、5 mL、10 mL、20 mL、25 mL、50 mL 的规格，中间膨大，上下较细，上部刻有标线，用于移取相应规格体积的溶液（图 3-1-6）。

移液吸管　　　刻度吸管

图 3-1-6　移液吸管与刻度吸管

1. 洗涤

（1）浸泡：移液吸管和刻度吸管可放在高玻璃桶内用洗液浸泡，也可用快速洗涤法，右手大拇指和中指拿住管颈标线上方，管尖插入洗液以下 1～2 cm 处，左手持洗耳球，先将球内空气排出，插进管口缓慢松开左手将洗液吸入管内，注意吸管应当随容器液面降低而下伸，直到吸入约 1/3 容积的溶液，移去洗耳球，立即用右手食指按住管口，将吸管平持，放松食指转动吸管使洗液与管口以下的内壁充分接触。再将吸管垂直将洗液放回原洗液瓶中。

（2）荡洗：吸取少量自来水荡洗 2～3 次，直到吸管内壁基本无残留洗液，每次荡洗液回收至废液缸中。

（3）冲洗：用自来水冲洗吸管的内外壁。

（4）润洗：用蒸馏水润洗 2～3 次。

2. 使用　见图 3-1-7。

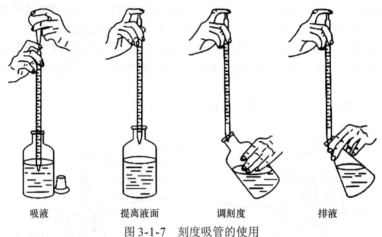

|吸液|提离液面|调刻度|排液|

图 3-1-7　刻度吸管的使用

（1）润洗：根据所需体积选用合适的刻度吸管或移液吸管。移取溶液之前吸管应保持干燥，否则应用待移取溶液润洗 3 次。方法是：倒出少量待移取溶液于洁净干燥的烧杯中，用吸管吸取少量溶液按上述方法润洗。注意吸取溶液后立即按住管口，切勿使其回流。润洗后的溶液从下端放出，不可放回原试剂瓶。

（2）吸液：右手大拇指和中指拿住管颈标线（或零刻度线）上方，管下尖端插入液面下 1～2 cm 处，左手握洗耳球，先将空气排出，再插进管口，缓慢松开左手吸取溶液至标线（或零刻度线）以上，吸液过程中吸管应随溶液液面降低而下伸。

（3）调刻度：移去洗耳球，立即用右手食指按住管口，将吸管提离液面并保持直立，倾斜容器使管尖紧贴容器内壁，将吸管和容器一起上提至视线与所需刻度齐平，放松食指对管口的压力，或用大拇指和食指转动管身，使管内液面慢慢下降，当凹液面与零刻度线相切时，立即用食指压紧管口使溶液不再流出，将吸管垂直提出容器。

（4）排液

1）对于刻度吸管，将吸管下端垂直伸入盛接容器中，倾斜容器使管尖与内壁接触，松开食指缓慢放液，待凹液面与管径上所需体积的刻度线相切时，立即用食指压紧管口使溶液不再流出，停留 15 s 移去吸管。

2）对于移液吸管，将吸管下端垂直伸入盛接容器中，倾斜容器使管尖与内壁接触，松开食指缓慢放液，待溶液全部放出后，停留 15 s 移去吸管。

注意：剩余溶液不可以倒回试剂瓶。若刻度吸管上标有"快"字，需停留 5 s，若标有"吹"字，需用洗耳球缓缓将残留溶液吹出。

第二节　化学试剂的取用

化学试剂种类较多，按用途可分为一般化学试剂和特殊化学试剂。一般化学试剂根据其纯度及杂质含量由低到高分为四个等级：实验试剂、化学纯试剂、分析纯试剂和优级纯试剂，应当根据实验要求合理选择、正确应用及妥善保管化学试剂。

在准备实验的过程中常需要分装化学试剂，固体试剂选择存放在广口试剂瓶中便于取用；液体试剂和配制的溶液放在细口试剂瓶中易于倒出；酸碱指示剂、定性分析试剂等用量少而使用频繁的，常用滴瓶保存；见光易分解的试剂（如 HNO_3、$KMnO_4$ 等）放置在棕色试剂瓶中。注意含有碱液的试剂瓶不能用玻璃塞，而应用橡皮塞或软木塞防止被腐蚀；含有酸液的试剂瓶不能使用橡皮塞；如 HF 这样含氟的试剂禁止盛放在玻璃瓶内。

试剂瓶需要贴有标签，标注试剂的名称、规格、浓度、配制日期等。取用试剂时，需要核对标签后使用；试剂瓶盖取下后应倒扣在实验台上，或者使用食指、中指夹住瓶盖，或放在干净的表面皿上，不得扣放在实验台上，以免造成污染；取出试剂后要及时盖回瓶盖，不能张冠李戴，试剂瓶放回原位；取用试剂的量不得过多，如果多取不能倒回原试剂瓶以免污染；不能用手直接拿取试剂，使用有毒试剂时需要在教师指导下取用。

一、固体试剂的取用

取用固体试剂需要使用洁净干燥的药匙。

取用一定质量的固体试剂时，应放置在称量纸上称量，若试剂具有腐蚀性或吸水性易于潮解，必须使用表面皿或其他玻璃容器盛放称量。

如需向试管中加入固体试剂，可使用药匙的小勺一端直接取用固体试剂，然后平放试管，插入药匙至试管 1/3～1/2 处，转动药匙 180°使试剂缓慢滑入试管中（图 3-2-1）。

另一种方法是用窄纸条折成纸舟形状，固体试剂放在纸上，然后平放试管，再将纸插入试管中，将管口一端缓缓抬起，使固体试剂慢慢滑入试管中（图 3-2-1）。如需加入块状试剂，应先平放试管，再用镊子夹取固体颗粒至试管口，然后缓慢竖立试管使固体颗粒慢慢滑到试管底部。

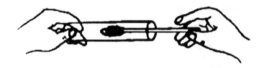

用药匙加入固体试剂　　　　　　　　　用纸舟加入固体试剂

图 3-2-1　向试管中加入固体试剂

固体试剂取用时应严格控制取用量，尤其是有毒有害试剂，以减少化学污染，保护环境，并按照规定做好实验废弃物的处理工作。

二、液体试剂的取用

液体试剂主要存放在细口试剂瓶或滴瓶中。

（一）从细口试剂瓶中取用

先将瓶塞倒扣在实验台上，右手握持试剂瓶，贴有标签的一面朝向手掌心，左手持承接容器或干净的玻璃棒并使玻璃棒下端紧靠承接容器，缓缓倾斜试剂瓶，使瓶口与承接容器边缘紧靠或沿玻璃棒使液体慢慢流入容器中。当达到取液量时，应将试剂瓶在承接容器瓶口靠一下或上提玻璃棒，再缓慢竖直试剂瓶使瓶口残留液体流入承接容器。加入液体的量不得超过承接容器容积的 2/3（图 3-2-2）。

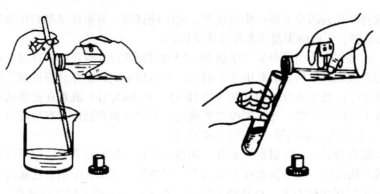

通过玻璃棒引流液体试剂　　　　　　　　　　　向试管中加入液体试剂

图 3-2-2　从细口试剂瓶中取用液体试剂

（二）从滴瓶中取用

　　右手拇指、食指轻轻捏住橡皮滴头，中指、环指发力夹住管身，将滴管提出液面，挤出其中空气，然后将滴管伸入液面吸取液体，垂直悬空滴管接近试管口或承接容器正上方，逐滴加入液体（图 3-2-3）。

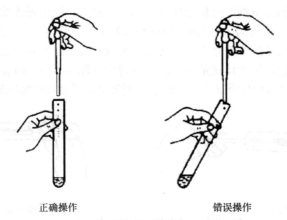

正确操作　　　　　　　　　　　　　错误操作

图 3-2-3　滴定管向试管中加入液体试剂

　　严禁将滴管伸入试管内或触及试管壁，避免造成滴管污染；滴管不能横放在实验台上或倒放；加完试剂后应尽快放回滴管，避免张冠李戴插错滴瓶导致试剂污染；禁止使用自己的滴管插入公用试剂瓶中取用试剂。

（三）定量取用

　　取用一定量的液体试剂时，要根据所需液体的量决定使用容量合适的量筒、量杯、移液管或刻度吸管进行准确量取。

第三节　化学反应基本操作

一、加　　热

　　实验室中为了加快化学反应的速度，如保温、溶解、熔融、升华、蒸发浓缩、蒸馏等操作都需要进行加热。由于实验目的和要求不同，采用的加热方法和加热器皿也不同。

　　化学实验室常用的热源有酒精灯、煤气灯、电炉等。必须注意的是，玻璃仪器一般不能用火焰直接加热。因为剧烈的温度变化和加热不均匀会造成仪器的损坏；同时由于局部过热，还可能引起有机化合物的部分分解。为了避免直接加热，实验室中常根据具体情况应用不同的间接加热的方式。

（一）空气浴

利用热空气间接加热，实验室中常用的有石棉网上加热和电热套（煲）加热。把容器放在石棉网上加热时，注意容器不能紧贴石棉网，要留 0.5～1.0 cm 间隙，使之形成一个空气浴，这样加热可使容器受热面增大，但加热不均匀。这种加热方法不能用于回流低沸点、易燃的液体，也不能用于减压蒸馏，多数用于以水为介质的反应或以水为溶剂的结晶操作。

电热（套）煲是一种较好的空气浴，它是由玻璃纤维包裹着电热丝编织成半球形的加热器，以控温装置调节温度。由于它不是明火加热，因此可以加热和蒸馏易燃有机物，但蒸馏过程中，容器内物质的减少，会使容器壁过热而引起蒸馏物的炭化。只要选择适当大些的电热套，在蒸馏时不断调节电热套的高低位置，炭化问题可以避免。

（二）水浴

通常加热温度在 80℃ 以下时，最好使用水浴加热，可将容器浸在水中（水的液面要高于容器内液面），但切勿使容器接触水浴底部，把水温控制在所需的温度范围内。水浴的缺点是水热惯性很大，所以需要对所加热的温度进行精确的调节。

水浴的类型有很多，如自动添水装置的水浴、电热恒温水浴等。

如果需要加热到接近 100℃，可用沸水浴或蒸汽浴加热。如果加热温度稍高于 100℃，则可选用添加适当无机盐的饱和水溶液作为热浴液，如 NaCl 饱和水溶液的沸点是 109℃；$MgSO_4$ 饱和水溶液的沸点为 108℃；KNO_3 饱和水溶液的沸点为 116℃；$CaCl_2$ 饱和水溶液的沸点为 180℃。

（三）油浴

油浴加热的温度范围一般为 100～250℃，其优点是温度容易控制，容器内物质受热均匀。油浴所达到的最高温度取决于所用油的品种。实验室中常用的油有植物油、液状石蜡等。植物油（如豆油、棉籽油、菜油和蓖麻油等）的加热温度一般为 200～220℃。为防止植物油在高温下分解，常可加入 1% 对苯二酚等抗氧剂，以增加其热稳定性。药用液状石蜡能加热到 220℃，温度再高也不分解，但较易燃烧，是实验室中最常用的油浴用油。石蜡也可加热到 220℃，它的优点是在室温时为固体，保存方便。硅油、真空泵油可以加热到 250℃，优点是比较稳定、透明度高，但价格较贵。

油浴在加热时，要注意安全，防止着火。一旦发现油浴严重冒烟，应立即停止加热。油浴中要放温度计，以便调节加热装置控制温度，防止温度过高。油浴中油量不能过多，应防止溅入水滴。

（四）砂浴

要求加热温度较高时，可采用砂浴。砂浴可加热到 350℃。一般将干燥的细砂平铺在铁盘中，把容器半埋入砂中（底部的砂层要薄些），在铁盘下加热，因砂导热效果较差，温度分布不均匀，所以砂浴的温度计水银球要靠近反应器。由于砂浴温度不易控制，故在实验中使用较少。

（五）金属浴

金属浴能够加热到 100℃ 以上，传导介质是低熔点的合金（伍德合金和罗斯合金的熔点分别为 71℃ 和 94℃），其导热性能好，能够迅速和均匀地传热。金属浴加热一般控制在 350℃ 以下，否则合金会被迅速氧化。现在金属浴通常和固定的金属加热模块一起使用，外配精准温度计。

二、冷 却

有些化学反应，中间体在室温下不稳定，必须在低温下进行；有的放热反应常产生大量的热，使反应难以控制，并引起易挥发化合物的损失，或者导致有机化合物的分解，或增加副反应，为了除去过剩的热量，便需要冷却；此外，为了降低固体化合物在溶剂中的溶解度，使其易于析出晶体，也需要冷却。

冷却反应物的方法很多，最简单的方法是把盛有反应物的容器浸入冷水中冷却。若反应要求在室温以下进行，常可选用冰或冰水混合物，后者冷却效果较前者好。当水对反应无影响时，甚至可把冰块投入反应器中进行冷却，这样可以更有效地保持低温。

根据不同的反应条件和目的，可以选择不同的冷却方法，也可以根据所要求的温度条件选择不同的冷却介质。

（一）自然冷却

将热的液体或者固体在空气中放置一段时间，使其自然冷却至室温，这一方法称为自然冷却（natural cooling）。

（二）冷却浴冷却

冷却浴有自来水浴、冰水浴、冰盐浴、低温冷却循环、液氨浴、干冰浴等，以下介绍常见的几种。

1. 自来水浴 加热或者反应放热后需要冷却至室温的溶液，可将盛有反应物（产物）的容器浸入冷水中，或者直接用自来水淋洗器壁进行冷却。

2. 冰水浴 在水中加入固体冰，可调节水温使其低于室温，最低可以达到0℃。将需要冷却的物体置于冰水浴中，搅拌可加速冷却。

3. 冰盐浴 如果要把反应混合物冷至0℃以下，可用碎冰和某些无机盐按一定比例混合作为冷却剂，见表3-3-1。

表3-3-1 常用冰盐冷却剂

盐类分子式	100g碎冰中加入盐/g	达到的最低温度/℃
NH_4Cl	25	−15
$NaNO_3$	50	−18
$NaCl$	33	−21
$CaCl_2 \cdot 6H_2O$	100	−29
$CaCl_2 \cdot 6H_2O$	143	−55

4. 干冰浴 干冰（固体CO_2）和丙酮、乙醇、异丙醇、乙醚等溶剂以适当的比例混合，可冷到−78～−60℃，见表3-3-2。为保持冷却效果，一般把干冰和溶剂盛在广口保温瓶中，瓶口用布或铝箔覆盖，以降低其挥发速度。

表3-3-2 常用有机溶剂/干冰冷却剂

有机溶剂/干冰冷却剂	达到的最低温度/℃
对二甲苯/干冰	13
1，4-二氧六环/干冰	12
环己烷/干冰	6
苯/干冰	5
甲酰胺/干冰	2

有机溶剂/干冰冷却剂	达到的最低温度/℃
乙腈/干冰	−41
丙酮/干冰	−77
丙胺/干冰	−83
乙醚/干冰	−100

需要注意的是当温度低于−38℃时，不能使用水银温度计，因为水银在该温度下会凝固，可用低温温度计（内装甲苯、正戊烷等液体）。对于更低的温度，常使用内装有机液体（如甲苯可达−90℃，正戊烷可达−130℃）的温度计。

实验室里有 CO_2 气体钢瓶时，可以自制干冰：在钢瓶阀上紧密地套上一个衬以棉花的帆布袋，钢瓶倾斜放置，阀向下，迅速打开阀门，由于气体膨胀而产生强烈的冷却结果，从钢瓶中放出的 CO_2 气体固化，即得干冰。

注意！制备干冰时应戴棉手套等防护用品，以免冻伤。

三、物质的干燥

许多化学反应要求在无水条件下进行，如制备格氏试剂，在反应前要求卤代烃、乙醚绝对干燥；液体有机物在蒸馏前也要进行干燥，以防止水与有机物形成共沸或少量水与有机物在加热条件下可能发生反应而影响产品纯度。水的存在不仅影响许多化学反应，对重结晶、萃取、洗涤等实验操作也都会有所影响。

液体有机物的除水和干燥在化学实验中是重要又常见的操作步骤。尽管有时在除去液体有机物中的其他杂质时往往要加入水，但最后还是要进行除水干燥。精制后充分干燥的液体有机物在保存时应加入适当的干燥剂，以防止其吸潮。固体有机化合物在测定熔点及波谱分析前也要进行干燥，否则会影响测试结果的准确性。因此，干燥在有机化学实验中既普遍又重要。干燥方法大致有物理方法和化学方法两种。物理方法有吸附、分馏和共沸蒸馏等。近年来也常用多孔性的离子交换树脂和分子筛脱水，这些脱水剂都是固体，是利用晶体内部的孔穴吸附水分子，当加热到一定温度时又会释放出水分子，故可重复使用。

化学方法是用干燥剂去水。根据去水作用不同又可分为两类：与水可逆地结合成水合物，如氯化钙、硫酸镁和硫酸钠等；与水起化学反应，生成新的化合物，如金属钠、五氧化二磷和氧化钙等。

（一）液体有机物的干燥

1. 形成共沸混合物除水　利用某些有机化合物与水能形成共沸混合物的特性，在待干燥的有机物中加入共沸组成中某一有机物，因共沸混合物的共沸点通常低于待干燥有机物的沸点，所以蒸馏时可将水带出，从而达到干燥的目的。最常用的溶剂是苯和甲苯，它们不易与被干燥的液体作用，且去水量较大：苯与水的共沸点为69.3℃，水含量为8.84%；甲苯与水的共沸点为84.1℃，水含量为13.5%，一般蒸馏至馏出液不浑浊即可。

按图3-3-1装置将待脱水的物质和苯或甲苯装入烧瓶中，经加热沸腾后苯或甲苯与水共沸变成蒸气；经冷凝后苯或甲苯与水落入分水器内而分层，苯或甲苯在上层，水在下层；苯或甲苯经侧管返回烧瓶内而水仍留在分水器中。如此多次反复后，即可把烧瓶中的水脱尽。然后将苯或甲苯蒸出即可得到无水物。

2. 使用干燥剂除水　液体有机物在常温下除水干燥最常用的方法是干燥剂除水法，将干燥剂加入液体物质中放置若干时间进行脱水，然后经过滤把干燥剂滤出，再将脱水后的液体物质经蒸馏后得纯净的无水物。

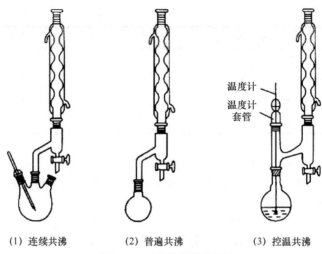

(1) 连续共沸　　　　　(2) 普遍共沸　　　　　(3) 控温共沸

图 3-3-1   共沸蒸馏装置

（1）干燥剂的选择：选用干燥剂时不能单考虑干燥剂的效力，应同时注意：①不与被干燥有机物发生任何化学反应，不能引起分解、水解、变色；②不溶解于被干燥有机物中；③对被干燥有机物无催化作用；④干燥速度快、吸水量大，同时价格低廉。

干燥剂分为固体、液体和气体干燥剂；又可分为酸性物质、碱性物质、中性物质，以及金属和金属氢化物等。干燥溶剂时要充分考虑干燥剂的特性和被干燥物质的性质。常用干燥剂见表 3-3-3。干燥酸性物质最好选用酸性物质干燥剂，干燥碱性物质用碱性物质干燥剂，干燥中性物质用中性物质干燥剂。溶剂中若有大量的水存在时，应避免选用与水接触燃烧（如金属钠等）或者发热猛烈的干燥剂，可以首先选用如氯化钙一类缓和的干燥剂进行干燥除水，待水分减少后再使用金属钠干燥。

加入干燥剂后应搅拌，放置过夜。干燥时的温度可以根据干燥剂的性质、对干燥速度的影响加以考虑。干燥剂的用量应稍有过剩。在水分多的情况下，干燥剂因吸收水分发生部分或全部溶解而变成液状或泥状并分为两层，此时应进行分离并加入新的干燥剂。液体与干燥剂的分离可以采用倾析法或过滤分离。将残留物进行过滤时，如过滤时间太长或周围的湿度过大会再次吸湿而使水分混入；因此，有时可采用与大气隔绝的特殊过滤装置。

表 3-3-3   常用干燥剂的性能与应用范围

干燥剂	吸水作用机制	吸水容量/(kg/kg)	干燥效能	干燥速度	应用范围
氯化钙	形成 $CaCl_2 \cdot nH_2O$ $n=1, 2, 4, 6$	0.97 $CaCl_2 \cdot 6H_2O$ 计	中等	较快，但吸水后表面为薄层液体所盖，故长时间放置为宜	能与醇、酚、酰胺及某些醛、酮形成配合物，工业品中可能含氢氧化钙和碱或氧化钙，故不能用来干燥酸类
硫酸镁	形成 $MgSO_4 \cdot nH_2O$ $n=1, 2, 4, 6$	1.05 $MgSO_4 \cdot 7H_2O$ 计	较弱	较快	中性，应用范围广，可代替 $CaCl_2$，并可用于干燥酯、醛、酮、腈、酰胺等不能用 $CaCl_2$ 干燥的化合物
硫酸钠	形成 $Na_2SO_4 \cdot 10H_2O$	1.25	弱	缓慢	中性，一般用于有机液体的初步干燥
硫酸钙	形成 $2CaSO_4 \cdot H_2O$	0.06	强	快	中性，常与硫酸镁（钠）配合，用于最后干燥
碳酸钾	形成 $K_2CO_3 \cdot 1/2H_2O$	0.2	较弱	慢	弱碱性，用于干燥醇、酮、酯、胺及杂环等碱性化合物，不适于酸、酚及其他酸性化合物

续表

干燥剂	吸水作用机制	吸水容量/(kg/kg)	干燥效能	干燥速度	应用范围
氢氧化钠	溶于水	—	中等	快	强碱性，用于干燥胺、杂环等碱性化合物，不能用于干燥醇、酯、醛、酮、酸、酚等
金属钠	形成 $2Na+2H_2O \longrightarrow 2NaOH+H_2$	—	强	快	限于干燥醚、烃类中痕量水分。用时切成小块或压成钠丝
氧化钙	$CaO+H_2O \longrightarrow Ca(OH)_2$	—	强	较快	适于干燥低级醇类
五氧化二磷	$P_2O_5+3H_2O \longrightarrow 2H_3PO_4$	—	强	快，但吸水后表面为黏浆液覆盖，操作不便	适于干燥醚、烃、腈等中的痕量水分，不适用于醇、胺、酮等
分子筛	物理吸附	约 0.25	强	快	适用于各类有机化合物的干燥

干燥含水量较多且又不易干燥的有机物时，常先用吸水量较大的干燥剂，以除去大部分水，然后用干燥性强的干燥剂除去微量水分。各类有机物常用的干燥剂见表 3-3-4。

表 3-3-4 各类有机物常用干燥剂

化合物类型	干燥剂
烃	$CaCl_2$、Na、P_2O_5
卤代烃	K_2CO_3、$MgSO_4$、Na_2SO_4、P_2O_5
醇	K_2CO_3、$MgSO_4$、CaO、Na_2SO_4
醚	$CaCl_2$、Na、P_2O_5
醛	$MgSO_4$、Na_2SO_4
酮	K_2CO_3、$CaCl_2$、$MgSO_4$、Na_2SO_4
酸、酚	$MgSO_4$、Na_2SO_4
酯	$MgSO_4$、Na_2SO_4、K_2CO_3
胺	KOH、NaOH、Na_2CO_3、CaO
硝基化合物	$CaCl_2$、$MgSO_4$、Na_2SO_4

（2）干燥剂的用量：干燥剂的用量可根据干燥剂的吸水量和水在有机物中的溶解度来估计，用量要适当。用量少，干燥不完全；用量过多，因干燥剂表面吸附，将造成被干燥有机物的损失；同时也要考虑分子的结构，极性有机物和含亲水性基团的化合物干燥剂用量需稍多。干燥剂的一般用量为 10 mL 液体需 0.5～1 g 干燥剂。

（3）操作方法：干燥前尽量把有机物中的水分除净，加入干燥剂后，振荡片刻，静置观察，若发现干燥剂粘在瓶壁上，应补加干燥剂。有些有机物在干燥前呈浑浊，干燥后变为澄清，可认为水分基本除去。

干燥剂的颗粒粗细要适当，颗粒太粗表面积小，吸水缓慢；颗粒过细，吸附有机物较多，且难分离。

（二）固体有机化合物的干燥

通过重结晶法从母液中滤集的固体常带有少量水分或有机溶剂，必须用适当的方法进行干燥。

1. 加热干燥 对热稳定的固体可以放在烘箱中烘干。除去少量水分时，不一定加热到100℃，在稍低的温度，水的蒸气压也相当大，因此在短时间内也能达到完全干燥。若要除去结晶水或结合的溶剂，则需加热到110~120℃，有时甚至还要高。加热的温度切忌超过干燥物的熔点，以免熔化变色或分解，必要时可用恒温真空干燥箱干燥。

2. 自然干燥 结晶上附有易挥发、易燃的溶剂，如乙醚、丙酮、石油醚等，应放在空气中自然干燥，为了防止灰尘污染，上面可覆盖洁净白纸等。

3. 红外线照射干燥 红外线穿透性强，其优点是干燥样品快，且溶剂是从固体内部各部分蒸发，普通的加热只是从物质的表面蒸发。

4. 使用干燥器干燥 凡易吸湿或在较高温度干燥会分解或变色者可用干燥器（desiccator，图3-3-2）干燥。干燥器的种类可分为下面两种。

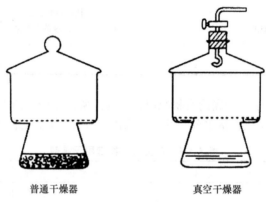

普通干燥器　　　　　　　　真空干燥器

图3-3-2　干燥器

（1）普通干燥器：盖与缸身磨砂处涂以凡士林，使密闭。缸中有多孔瓷板，下面放置干燥剂（表3-3-5），上面放置干燥样品。此种干燥器干燥样品所需时间较长，干燥效率不高，一般干燥无机物或放置易吸湿的药品。

表3-3-5　干燥器内常用的干燥剂

干燥剂	吸去的溶剂或其他杂质
CaO	水、乙酸（或氯化氢）
$CaCl_2$	水、醇
NaOH	水、乙酸、氯化氢、酚
H_2SO_4	水、乙酸、醇
P_2O_5	水、醇
石蜡刨片或橄榄油	醇、醚、石油醚、苯、甲苯、三氯甲烷、四氯化碳
硅胶	水

（2）真空干燥器：比普通干燥器多一个玻璃活塞，可用以抽真空，提高干燥效率。打开时，转动活塞放入空气不宜太快，否则会使样品飞扬。真空度不宜抽得过高以防炸碎，一般用泵抽至盖子推不动即可（图3-3-2）。

（3）注意事项

1）真空干燥器不宜用浓硫酸作干燥剂，因有部分硫酸蒸气，若要用，需在瓷板上再加一盘固体氢氧化钾或氢氧化钠。普通干燥器内所用浓硫酸可加硫酸钡。18 g硫酸钡溶在1000 mL浓硫酸（比重为1.84）中，当浓度降至93%时，析出$BaSO_4 \cdot 2H_2SO_4 \cdot H_2O$针状结晶，再降至84%时变成很细的结晶，这时要换浓硫酸。

2）用五氧化二磷作干燥剂时，应与干燥的玻璃棉或玻璃珠混合使用，以免在表面上结成一层薄膜后影响下面的五氧化二磷发挥作用。

3）真空干燥器内干燥剂可合用，可同时放两种，其干燥效力好，可除去两种不同的溶剂，如浓硫酸与氢氧化钠、无水氯化钙与硅胶、碱石灰与五氧化二磷、固体氢氧化钠与石蜡刨片，但要分开放置在同一干燥器中。

切勿将两种干燥效力悬殊而除去同一种溶剂的干燥剂合用，如氯化钙与五氧化二磷。若要干燥程度好，可分两次干燥，先用无水氯化钙，后用五氧化二磷真空干燥。

第四节　物质分离与提纯

一、过　滤

传统意义上的过滤是指利用多孔性介质截留悬浮液中的固体粒子，进而使固、液分离的方式。过滤法是最常用的分离溶液与沉淀的方法。当溶液和沉淀的混合物通过过滤器（如滤纸）时，沉淀留在过滤器上，溶液则通过过滤器而流入接收的容器。

过滤实质上是固体和液体混合液通过具有微细孔道的过滤介质，在过滤介质的两侧压强不同，此压差即为过滤的推动力，滤液在推动力作用下通过微细孔道，而固体物质及细微物质则被介质阻截而不能通过。介质截留的颗粒物质本身同样起过滤介质的作用，将此称为滤层或滤饼。随着过滤过程的进行，滤层逐渐增厚，阻力也将增加，使过滤流量降低。过滤结束后，依据实验目的收取滤饼或者滤液。

溶液的温度、黏度、过滤时的压力、过滤器的孔隙大小和沉淀物的状态都会影响过滤的速度。热的溶液比冷的溶液易过滤；溶液的黏度越大，过滤越慢；减压过滤比常压过滤快。过滤器的孔隙要选择适当，太大会透过沉淀；太小则易被沉淀堵塞，使过滤难以进行。总之，要考虑各方面的因素来选用不同的过滤方法。

常用的过滤方法有常压过滤、减压过滤、保温过滤等。

（一）常压过滤

常压过滤法（atmospheric filtration），又称普通过滤，是指常压下用普通漏斗过滤的方法。当沉淀物是细小的晶体时，一般选用此法，缺点是过滤速度有时较慢。常压过滤法操作步骤如下。

1. 滤纸的选择　根据沉淀的性质选择滤纸的类型。细晶形沉淀选择慢速滤纸，胶体沉淀选择快速滤纸，粗晶形沉淀选择中速滤纸。根据漏斗的大小选用滤纸的大小。

2. 滤纸折叠及过滤装置安装　选一张半径比漏斗边长小 0.5～1 cm 的圆形滤纸（若为方形要剪圆），然后把滤纸对折两次（称为四折法），拨开一层即折成圆锥形，见图 3-4-1。将滤纸圆锥形三层一边的外两层撕去一小角，将滤纸放入漏斗内，检查滤纸与漏斗内壁是否完全吻合，稍大或稍小时可通过改变折叠角度调整。然后用蒸馏水湿润，再用玻璃棒轻压滤纸四周，赶走气泡，使滤纸紧贴在漏斗内壁上。将漏斗放在漏斗架上，调整高度，保证漏斗颈下出口在过滤过程中不接触滤液，并使漏斗颈末端紧贴下方承接器内壁，以防止滤液溅出。

3. 过滤　通常采用倾析法，即静置，待沉淀沉降后，先过滤上层清液，尽可能让沉淀留到最后再过滤，并严禁在漏斗中搅拌，以免沉淀堵塞滤纸空隙，影响过滤速率。过滤时，将玻璃棒指向三层滤纸一边，小心地用玻璃棒引流溶液。注意：倾入液体的高度应低于滤纸边缘 0.5～1 cm，见图 3-4-2。

4. 洗涤　过滤完成后，洗涤玻璃棒及容器，并将洗涤液引入漏斗过滤。若需洗涤沉淀，可采用倾析法洗涤，即先加少量洗涤剂，充分搅拌，静置，待沉淀下沉后，将上方清液倒入漏斗，如此重复洗涤 2～3 次（或根据洗涤条件，如洗至中性 pH=7 等），再将沉淀转移到漏斗中。也可以将沉淀全部转移到漏斗中后，用少量去离子水淋洗沉淀。注意应坚持少量多次洗涤沉淀的原则，以提高洗涤效率。

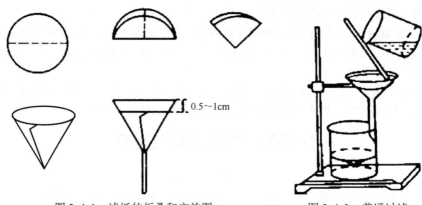

图 3-4-1　滤纸的折叠和安放图　　　　图 3-4-2　普通过滤

检测最后流下的滤液中的离子可判断沉淀是否已洗净。

5. 注意事项

（1）过滤大颗粒干燥剂时，可以在漏斗的上口轻轻放疏松的棉花或者玻璃毛以代替滤纸。

（2）若过滤的沉淀物颗粒更小或者具有黏性，应使被过滤的溶液充分静置后，先快速过滤上层清液，然后再把固体转移到滤纸上以加快过滤。

（二）减压过滤

减压过滤（reduced pressure filtration）亦称吸滤或抽滤，它是利用水泵或真空泵抽气使滤器两边产生压差而快速过滤，达到分离固液两相的目的。该法不适用于过滤胶体沉淀和细小的晶体，因为胶体沉淀在快速过滤时会透过滤纸，而颗粒细小的沉淀则会堵塞滤纸孔，使滤液难以通过。

减压过滤装置见图 3-4-3，它由布氏漏斗、吸滤瓶、安全瓶、水泵（或真空泵）组成。它利用泵抽去空气而形成真空，在吸滤瓶内形成负压，液面上下方压差的存在大大提高了过滤速度。

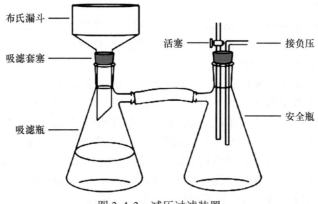

图 3-4-3　减压过滤装置

减压过滤操作步骤如下。

1. 安装减压过滤装置　安全瓶长管连接泵，短管连接吸滤瓶，布氏漏斗下端斜口应与吸滤瓶支口相对。

2. 选择合适大小的滤纸　滤纸应比布氏漏斗内径略小而又能将布氏漏斗瓷板上的所有小孔全部盖住，且在布氏漏斗内能自由移动。放入滤纸后，先用少量蒸馏水润湿，然后开启泵使滤纸紧贴于布氏漏斗瓷板上，形成负压。

3. 过滤　过滤操作同常压过滤操作。停止减压过滤时，应先打开安全瓶活塞，再关泵，否则容易倒灌。

4. 洗涤　在布氏漏斗中洗涤沉淀，应先停止减压过滤，然后加入少量洗涤液润湿沉淀，再接上吸滤瓶上的橡皮管，打开泵减压过滤。如此反复2～3次即可。

5. 转移沉淀 当沉淀抽干后，拆开吸滤瓶上的橡皮管，关闭泵，取下布氏漏斗，将布氏漏斗的颈口朝上，下方接以洁净的容器或滤纸，轻轻敲打布氏漏斗边缘，或用洗耳球在布氏漏斗颈口用力吹，即可使沉淀脱离布氏漏斗。

6. 注意事项

（1）停止减压过滤时，一定要先打开安全瓶活塞，等压力平衡后再关掉抽气泵，防止倒吸。

（2）强酸、强碱性溶液过滤的时候，应该在布氏漏斗上铺上玻璃布或者涤纶布来代替滤纸。

（三）保温过滤

当要除去热、浓溶液中的不溶性杂质，而溶液中的溶质在温度降低时易结晶析出时，需采用保温过滤法（heat filtration）过滤。操作方法如下。

1. 采用铜质的保温漏斗套（图3-4-4），漏斗套夹层中装有热水，且可加热。

2. 采用短颈玻璃漏斗，避免滤液在漏斗颈中冷却析出晶体。

3. 事先把玻璃漏斗在水浴上用蒸气加热后再使用，使热溶液在趁热过滤时不致因冷却而在漏斗中析出。

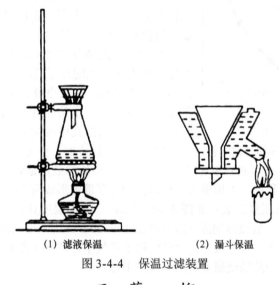

(1) 滤液保温　　　　　　(2) 漏斗保温

图3-4-4　保温过滤装置

二、蒸　馏

蒸馏（distillation）是分离和提纯液态有机化合物最常用的重要方法之一。液体有机化合物的纯化和分离、溶剂的回收，经常采用蒸馏法。常量沸点的测定也可通过蒸馏来完成，测定液体有机化合物的沸点是鉴定液体有机化合物纯度的一种常用方法。

根据被蒸馏物质性质的差异，蒸馏可分为常压蒸馏、减压蒸馏和水蒸气蒸馏。

（一）常压蒸馏

1. 原理 将液体加热变为蒸气，其蒸气压随着温度的上升而增大，当液体的蒸气压增大到与外界施于液面的总压力（通常是大气压）相等时，就有大量的气泡从液体内部逸出，即液体沸腾，这时的温度称为该液体的沸点（boiling point）。

显然沸点与所受外界压力的大小有关。通常所说的沸点是指在760 mmHg（101.33 kPa）压力下液体沸腾时的温度。例如，水的沸点为100℃，即在760 mmHg压力下，水在100℃时沸腾。在其他压力下的沸点应注明压力，如在640 mmHg（85.33 kPa）时，水在95℃沸腾，这时水的沸点可以表示为95℃/640 mmHg（图3-4-5）。

因为液体的沸点直接与大气压的大小有关，而大气压又随时在改变，所以要准确测定沸点，必须

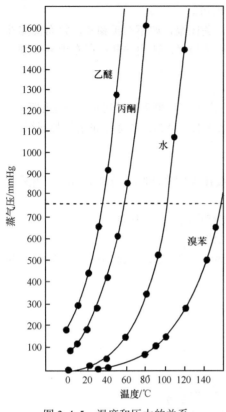

图 3-4-5　温度和压力的关系

找出沸点相近的标准液体的沸点变化值 Δt 来进行校正，但如果不是很精确的实验，这种由于压力的改变而引起的沸点改变可以忽略，因为即使大气压相差 20 mmHg（2.67 kPa），这项校正值也不过 ±1℃左右，因此可以忽略不计。

蒸馏就是将液态物质加热到沸腾变为蒸气，又将蒸气冷凝为液体，这两个过程联合不仅可以把挥发性物质与不挥发性物质分离，还可以把沸点不同的物质（相差 30℃以上）及有色的杂质等进行分离。蒸馏沸点相近的混合物时，各种物质的蒸气同时蒸出，故难达到分离和提纯的目的。

通常情况下，纯粹的液态物质在大气压下有一定的沸点。如果在蒸馏过程中，沸点发生变动，说明物质不纯。因此可借蒸馏法来测定物质的沸点和定性地检验物质纯度。

某些有机化合物往往能和其他组分形成二元或三元共沸混合物，它们也有一定的沸点，因此，不能认为沸点一定的物质都是纯物质。

绝大多数液体在加热时，经常发生过热现象，即在液体已经加热到或超过了其沸点的温度，当继续加热时，液体会突然暴沸，冲入冷凝管中，或冲出瓶外造成损失，甚至引起事故！为了防止此情况，需要在加热前加入几粒沸石。沸石的微孔中吸附着一些空气，加热时就可成为液体的气化中心，避免液体暴沸。若已加热到接近液体沸点时，发现未加沸石，须立即停止加热，待液体稍冷后，再补加沸石。遇到中途停止蒸馏，需要重新加热蒸馏时，在蒸馏前仍然需要再重新加入沸石。现在实验过程中，多用磁力搅拌器搅动待蒸馏液形成沸腾中心，从而防止暴沸。

2. 常压蒸馏装置　常压蒸馏装置如图 3-4-6 所示，一般由温度计、蒸馏烧瓶、冷凝管与接收器组成。温度计测量上限一般较蒸馏液的沸点高出 10～20℃。因一般温度计测量范围越大，精确度越差。温度计的水银球在蒸馏过程中需全部浸没于蒸气中，这样才能正确地测量出蒸气的温度。通常温度计水银球的上线与蒸馏烧瓶支管的下线相平行。

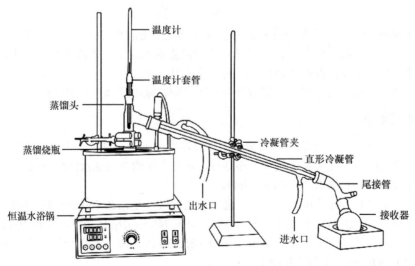

图 3-4-6　常压蒸馏装置

蒸馏烧瓶是蒸馏系统的主要组成部分，蒸馏前应根据所蒸馏物质的性质和量的多少加以选择。蒸馏烧瓶应是圆底硬质玻璃瓶，分长颈式和短颈式两种，长颈式适用于蒸馏沸点较低的化合物，短颈式则适用于蒸馏沸点较高（120℃以上）的化合物。

液体在蒸馏烧瓶中的量应为烧瓶容量的1/2～2/3，超过此量，在沸腾时溶液雾滴可能被蒸气带至接受系统，同时，沸腾强烈时，液体可能冲出。如果装入的液体量太少，在蒸馏结束时相对地会有较多的液体残留在瓶内蒸不出来。在蒸馏前应在蒸馏烧瓶中加入少量沸石或搅拌子。

蒸馏所用的冷凝管，一般选用直形或空气冷凝管。冷凝管的长短粗细视蒸馏物的沸点高低而定。沸点越低，蒸气越不容易冷凝，需要长而粗的冷凝管，当沸点高于140℃时，应选用空气冷凝管。蒸馏烧瓶的支管口应进入冷凝管2～3 cm。

接收器一般选用容量合适的磨口茄形瓶，取其口小、蒸发面小、易加塞保存、放在桌面上平稳等特点。

3. 蒸馏操作

（1）加料：将待蒸馏液通过玻璃漏斗或直接沿着面对支管口的瓶颈壁小心倒入蒸馏烧瓶中，要注意不使液体从支管流出。加入搅拌子或沸石，塞好带温度计的塞子。按图3-4-6装好仪器，检查各部分连接是否紧密和妥善。

（2）加热：用水冷凝时，先由冷凝器下口缓缓通入冷水，自上口流出引至水槽中，然后开始加热。通常，采用浴液间接加热，保持浴温不要超过蒸馏液沸点20℃。视情况，可选用水浴、油浴或用石棉网加热。

加热时可见蒸馏烧瓶中液体逐渐沸腾，当达到液体的沸点时，会有一个冷凝液环（或称回流环）从蒸馏烧瓶中往上移动，并触及温度计水银球，温度计的读数会快速上升。冷凝液很快即开始经冷凝管流入接受器内。适当调节加热和转速，以维持一定的蒸出速率，通常以每秒蒸出1～2滴为宜。蒸馏过程中，温度计的水银球上应始终附有冷凝的液滴，以保持气液两相的平衡，此时温度计的读数就是馏出液的沸点。

进行蒸馏前，至少要准备两个接收器，因为在达到需要物质的沸点之前，常有沸点较低的液体先蒸出，这部分馏出液称为"前馏分"或"馏头"。

前馏分蒸完，温度趋于稳定后，蒸出的就是较纯的物质，这时应更换一个洁净、干燥、预先称重的接收器。记下这部分液体开始馏出时和最后一滴时的温度读数，即是该馏分的沸程（沸点范围）。

一般液体中会或多或少含有一些高沸点杂质，在所需要的馏分蒸出后，若再继续升高加热温度，温度计读数会显著升高，若以原来的加热温度，就不会再有馏出液蒸出，温度会突然下降，这时就要停止蒸馏。即使杂质极少，也不要蒸干，以免蒸馏烧瓶破裂及发生其他意外事故。

蒸馏完毕，应先停止加热，待接收器内无液体滴下，再关闭冷凝水，拆卸仪器。与装配的程序相反，先取下接收器，然后拆下冷凝器和蒸馏烧瓶。

液体的沸程常可反映它的纯度。纯粹液体的沸程一般不超过1～2℃。蒸馏方法的分离能力有限，故在普通的有机化学实验中收集的沸程较大。

4. 注意事项

（1）对于沸点较低、可燃的液体，宜在热水和沸水中加热，沸点在80℃以下的液体可以用水直接加热。通常热源高出沸点20～30℃即可顺利进行蒸馏，若相差太小，往往蒸馏得太慢。若液体沸点高于80℃可以用油浴或者电热套等加热。

（2）待蒸馏液沸点高于130℃的时候，需要用空气冷凝管。若用水冷凝，由于气体温度较高，冷凝管外套接口处可因局部骤然遇冷而容易破裂。

（3）蒸馏装置不能组成封闭系统。一旦组成封闭系统，随着压力升高，会引起仪器破裂或者爆炸。

（4）冷凝管夹不能太紧或者太松，以夹住仪器后，稍用力仪器能够转动为宜。

（5）待蒸馏液不能含有干燥剂或者固体杂物。

（6）蒸馏前应检查是否已经加入沸石，或确保搅拌子能够正常转动，若忘记上述操作，应该停止加热，等待蒸馏液稍冷却后再加入沸石或者启动搅拌子，否则会引起暴沸。

（7）加热过程中必须很好地控制热源，防止加热过快或者过慢，正常的蒸馏应使滴出的液体控制在1～2滴/秒。

（8）蒸馏乙醚等低沸点、易燃的有机溶剂时，特别要注意蒸馏速度不能太快，应该在冷凝管下端带支管尾接管侧口连接橡皮管将乙醚气体导入水中。因乙醚易燃，且密度比空气小，容易聚集，不易散去，遇到明火容易发生事故。绝对不能用明火直接加热。

■（二）减压蒸馏

减压蒸馏是分离和提纯有机化合物的一种重要方法，它适用于那些在常压蒸馏时未达到沸点即已受热分解、氧化或聚合的物质。

1. 基本原理 液体的沸点是指它的蒸气压等于外界大气压时的温度，所以液体沸腾的温度随外界压力的降低而降低。如果用真空泵连接盛有液体的容器，使液体表面上的压力降低，即可降低液体的沸点。这种在低压下进行蒸馏的操作就称为减压蒸馏。化合物的沸点与液体表面的压力有关，如某化合物常压下沸点为210℃，当压力降至2.67 kPa（20 mmHg）时，化合物的沸点为100℃。

要正确了解物质在不同压力下的沸点，可从有关文献查阅压力–温度关系图或计算表。若一时查不到，则可从经验曲线图3-4-7中找出其不同压力下相应的近似沸点，这对减压蒸馏具体操作和选择合适的温度计及真空泵（能否达到所需压力）都有一定的参考价值。

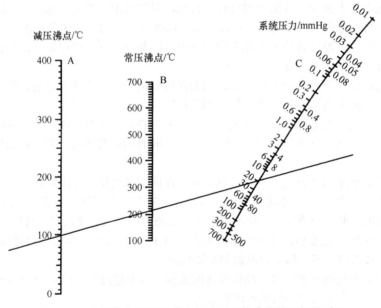

图 3-4-7 液体在常压下的沸点与减压下的沸点的近似关系图

2. 减压蒸馏装置 减压蒸馏装置由蒸馏烧瓶（圆底烧瓶）、克氏蒸馏头、毛细管、温度计及套管、直形冷凝管、尾接管、接收瓶、安全瓶和循环水泵组成（图3-4-8）。蒸馏烧瓶的大小，以待蒸馏液体占烧瓶容积的1/3～2/3为宜。温度计水银球上端与蒸馏头支管下端平齐。冷凝水应从冷凝管下口进入，上口流出，以保证冷凝管夹层中充满水。冷凝液通过尾接管和接收瓶收集，尾接管通过安全瓶与循环水泵相连，利用安全瓶阀门控制系统的真空度。

仪器安装顺序一般是先从热源处开始，自下而上，由里向外，从左到右。先在水浴锅上安装蒸馏烧瓶，瓶底应高于水浴锅底1 cm，安上蒸馏头，调节冷凝管的高度，使冷凝管的中心线和克氏蒸馏头支管的中心线成一直线。移动冷凝管，使其与蒸馏头支管紧密连接起来，然后依次接上尾接管和接收瓶。检查所搭装置是否正确、牢固、美观，要求从正、侧面观察整套仪器的轴线都在同一平面内，铁夹和铁架台应整齐地放在仪器后面。用玻璃漏斗从克氏蒸馏头上口倒入液体后，插入毛细管。

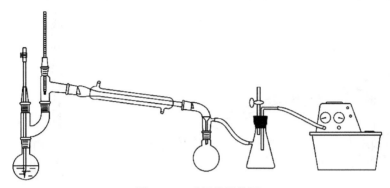

图 3-4-8　减压蒸馏装置

3. 减压蒸馏操作　搭好减压蒸馏装置，将待蒸馏液通过玻璃漏斗倒入蒸馏烧瓶中，水浴加热进行蒸馏。通过旋转安全瓶活塞调整真空度，分别收集两个不同真空度下的馏分，并记录相应的温度。蒸馏结束时，先关闭热源，等稍冷后再打开安全瓶阀门，使系统内外压力平衡后关闭循环水泵。

4. 注意事项

（1）仪器都必须是硬质的，接收瓶必须是圆形或者梨形的，不可用锥形瓶作接收瓶，所有仪器都必须没有任何裂缝。

（2）为提高真空度，装置的各个磨口处可涂上真空油脂，但接收瓶磨口上不能涂。

（3）如果使用油泵，切记不能将有机溶剂、酸、碱和水抽入，以免损坏油泵和影响真空度。

（三）水蒸气蒸馏

水蒸气蒸馏也是分离和提纯有机化合物的常用方法，但被提取的物质必须具备以下条件：①不溶或难溶于水；②与水沸腾时不发生任何化学反应；③在 100℃时该物质的蒸气压至少在 1.33 kPa（即 10 mmHg）以上。水蒸气蒸馏主要用于以下几种情况：①在常压下蒸馏易发生分解的高沸点化合物；②含有较多固体的混合物，而用一般的蒸馏、萃取或者过滤难以分离；③混合物含有大量的树脂状物质或者不挥发性杂质，采用蒸馏、萃取等方法也难以分离。

1. 基本原理　在难溶或不溶于水的有机物中通入水蒸气或与水一起加热，使有机物随水蒸气一起蒸馏出来，这种操作称为水蒸气蒸馏。根据道尔顿分压定律，这时混合物的蒸气压应该是各组分蒸气压之和，即

$$P_{总}=P_{水}+P_A \tag{3-4-1}$$

式中，$P_{总}$ 是混合物总蒸气压；$P_{水}$ 为水的蒸气压；P_A 是不溶或难溶于水的有机物蒸气压。

当 $P_{总}$ 等于 1 个大气压时，该混合物开始沸腾，显然，混合物的沸点低于任何一个组分的沸点，即该有机物在比其正常沸点低得多的温度下可被蒸馏出来。馏出液中有机物重量（W_A）与水的重量（$W_{水}$）之比，应等于两者的分压（P_A、$P_{水}$）与各自分子量（M_A 和 M_B）乘积之比，即

$$W_A/W_{水}=(P_A×M_A)/(P_{水}×M_B) \tag{3-4-2}$$

2. 水蒸气蒸馏装置　传统的水蒸气蒸馏装置见图 3-4-9（1），最左边的 a 是水蒸气发生器，通常装水量以其容积的 3/4 为宜，其安全玻璃管几乎插到发生器底部，用于调节内压。b 为蒸馏部分，通常用 500 mL 长颈蒸馏烧瓶，装有待蒸馏物质和水。为了防止瓶中液体因飞溅而冲入冷凝管，将烧瓶的位置向发生器方向倾斜 45°，瓶内液体不超过其容积的 1/3。水蒸气发生器 a 和蒸馏圆底烧瓶 b 之间应装上 "T" 形管，"T" 形管下端连一个弹簧夹，以便及时除去冷凝下来的水滴。为

了减少水气的冷凝，应尽量缩短 a 和 b 之间的距离。

图 3-4-9（2）是挥发油提取装置，包括圆底烧瓶、挥发油提取器、冷凝管。可直接将待提取物质和蒸馏水加入圆底烧瓶，加热，沸腾后挥发油将收集在挥发油提取器内。

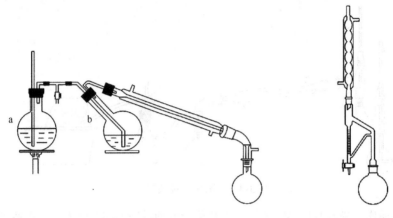

(1) 传统的水蒸气蒸馏装置   (2) 挥发油提取装置

图 3-4-9　水蒸气蒸馏装置

3. 水蒸气蒸馏操作　安装好水蒸气蒸馏装置，向长颈蒸馏烧瓶中加入待蒸馏物质，体积不宜超过烧瓶容积的 1/3。将烧瓶向水蒸气发生器方向倾斜 45° 固定在铁架台上，装上带有蒸气导入管和导出管的橡皮塞，导出管露出橡皮塞约 5 mm。导入管尾端垂直接近但不碰触瓶底。

打开冷凝水，加热水蒸气发生器，当有水蒸气从 "T" 形管下管逸出时，旋紧螺旋夹，使水蒸气进入长颈蒸馏烧瓶。当有液体从蒸气导出管口滴落时，控制加热速度，调节冷凝水，使蒸气在冷凝管中全部冷凝。

停止蒸馏时，先打开 "T" 形管下管的螺旋夹，再关闭煤气灯。当尾接管无液体滴下时，关闭冷凝水。拆卸蒸馏装置，与安装顺序相反。

4. 注意事项

（1）水蒸气蒸馏过程中应控制流速为 2~3 滴/秒，不宜过快，也不宜太慢。

（2）停止蒸馏时，应先打开 "T" 形管的夹子，然后再移去火焰，防止倒吸。

三、萃　取

从固体或液体混合物中分离所需化合物，最常用的操作是萃取。萃取广泛应用于有机产品的纯化，可以从固体或液体混合物中萃取出所需的物质，也可以用于除去产物中的少量杂质。通常称前者为萃取，后者为洗涤，二者原理一致。根据被萃取物质形态的不同，萃取又可以分为从溶液中萃取（液–液萃取）和从固体中萃取（固–液萃取）。

（一）原理

萃取是利用化合物在两种不互溶（或微溶）的溶剂中的溶解度或分配比不同进行分离。在一定温度下，有机化合物在两种溶剂中的浓度比是一个常数，即"分配系数 K"。

$c_A/c_B=K$，其中 c_A、c_B 分别为该物质在溶剂 A 和溶剂 B 中的溶解度；K 为分配系数。

利用分配系数的定义式可以计算每次萃取后，溶液中溶质的剩余量。

设 V 为被萃取溶液的体积（mL），W_0 为被萃取溶液中溶质的总质量（g），S 为萃取时所用溶剂 B 的体积（mL），W_1 为第一次萃取后溶质在溶剂 A 中的剩余量（g），(W_0-W_1) 为第一次萃取后溶质在溶剂 B 中的含量（g）。

$$\frac{W_1/V}{(W_0-W_1)/S}=K$$

（3-4-3）

可得

$$W_1 = \frac{KV}{KV+S} \cdot W_0 \tag{3-4-4}$$

设 W_2 为第二次萃取后溶质在溶剂 A 中的剩余量（g），同理有

$$W_2 = \frac{KV}{KV+S} \cdot W_1 = \left(\frac{KV}{KV+S}\right)^2 \cdot W_0 \tag{3-4-5}$$

设 W_n 为经过 n 次萃取后溶质在溶剂 A 中的剩余量（g），则有

$$W_n = \left(\frac{KV}{KV+S}\right)^n \cdot W_0 \tag{3-4-6}$$

由上可见，n 越大，W_n 就越小，也就是说一定量的溶剂分成几份进行多次萃取，效果优于用全部量的溶剂一次萃取。一般萃取 3～5 次。

另一类萃取剂的萃取原理是利用它能与被萃取物质起化学反应。这种萃取常用于从化合物中移去少量杂质或分离混合物，一般用 5% 氢氧化钠、5% 或 10% 的碳酸钠、碳酸氢钠、稀盐酸、稀硫酸等。碱性萃取剂主要除去混合物中的酸性杂质，酸性萃取剂主要除去有机溶剂中的碱性杂质。

固体物质的萃取通常借助于索氏（Soxhlet）提取器，是利用溶剂回流及虹吸原理，使固体有机物连续多次纯溶剂萃取，具有萃取效率高、节省溶剂等特点（详见综合设计性实验实验五）。受热易分解或变色的物质不宜采用，所用溶剂沸点不宜过高。

（二）萃取溶剂的选择

从水中萃取有机物，要求溶剂不溶于水；被萃取物在溶剂中的溶解度远大于在水中的溶解度；溶剂与水和被萃取物都不发生反应；萃取后溶剂便于回收。此外，价格、毒性、沸点、密度也是考虑的条件。难溶于水的物质常用石油醚提取；较易溶于水的物质，用乙醚萃取；易溶于水的则常用乙酸乙酯萃取。

常用的萃取剂有石油醚、乙醚、二氯甲烷、三氯甲烷、乙酸乙酯、正丁醇等。乙醚的萃取效果好，但沸点低，易着火，仅在实验室小量使用，不宜用于工业生产。

（三）主要仪器和装备

实验室常用分液漏斗进行萃取，常用的分液漏斗有球形和梨形两种（图 3-4-10）。通常选择容积比萃取液大 1～2 倍的分液漏斗。

（四）操作方法

1. 检漏　使用前，仔细检查分液漏斗的活塞和玻璃塞是否配套严密，防止在使用过程中漏液。分液漏斗应当清洗并检漏。如活塞处漏液，应取下活塞，涂上少量凡士林或润滑脂，塞好后旋转数圈，使润滑脂分布均匀（注意：不能堵塞活塞孔），然后将活塞关好。如活塞为聚四氟乙烯材质，则不需要涂抹凡士林。

2. 萃取　将分液漏斗放在固定于铁架台上的铁圈中，将待萃取溶液倒入分液漏斗中，然后加入萃取剂，盖好上口塞（磨口处不能涂凡士林或润滑脂）。取下漏斗，倾斜，使其下口略朝上。右手握住分液漏斗上口，并用右手掌顶住上口塞；左手握在漏斗活塞处，并用拇指压紧活塞，小心振荡，使萃取剂和待

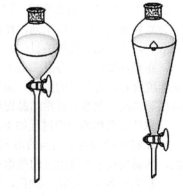

球形分液漏斗　　　　梨形分液漏斗

图 3-4-10　分液漏斗

萃取溶液充分接触。振荡过程中要不时将漏斗尾部向上倾斜（朝向无人处）并打开活塞，排出气体。重复上述振荡、放气操作几次，直到完成萃取（图3-4-11）。

3. 分液　将分液漏斗置于铁架台的铁圈上，使之分层，然后拿下上面的塞子，下层液体从活塞放出。上层液体从分液漏斗上口倒出，切不可将上层液体从下口活塞放出（图3-4-11）。

在萃取过程中，有时会产生乳化现象，影响液体分层，为此可加入少量电解质（如饱和氯化钠溶液）等破坏乳化层，也可采用轻轻振荡分液漏斗并长时间静置的方法来使两相完全分开。

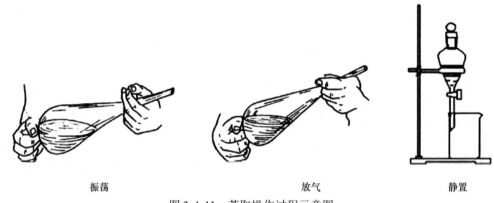

振荡　　　　　　　　　　放气　　　　　　　　　静置

图3-4-11　萃取操作过程示意图

（五）注意事项

1. 分液漏斗使用前必须先检漏。

2. 应该选择比被萃取液大1～2倍体积的分液漏斗。

3. 用乙醚等低沸点溶剂萃取时应当注意远离明火。

4. 萃取振荡过程中要注意多摇多放气，放气口不能对人。

5. 在未清楚产品性质前，应谨慎处理，建议应分别保留上、下层溶液。

四、重　结　晶

重结晶（recrystallization）是提纯固体有机化合物的常用方法，有机反应或天然产物中分离出的固体往往不纯，可以利用重结晶的方法进行纯化。

（一）原理

固体有机化合物在溶剂中的溶解度随着温度的变化而改变，一般是温度升高溶解度也增加，反之溶解度降低。如果把固体有机化合物溶解在热的溶剂中制成饱和溶液，然后冷却至室温或者室温以下，伴随着溶解度的下降，原溶液变成过饱和溶液，这时会有结晶析出。利用溶剂对被提纯物质和杂质的溶解度不同，使得杂质在热滤时被除去（若杂质不溶或者难溶），或冷却后被留在母液中，从而达到提纯的目的。

重结晶提纯的方法主要是用于提纯杂质含量低于5%的固体有机化合物，杂质过多会影响结晶速度或者妨碍结晶的生长。如果遇到此种情况，粗制品必须先用其他方法提纯后（水蒸气蒸馏、减压蒸馏或萃取等）再重结晶提纯。

重结晶操作的一般过程如下。

1. 将粗产物溶于适当的溶剂中，制成热饱和的溶液（若固体有机化合物的熔点较溶剂的沸点低，则制成低于熔点温度的热饱和溶液）。

2. 如果溶解后溶液有颜色，则需要加入活性炭脱色。

3. 将上述热饱和溶液趁热过滤，以除去不溶性的杂质和活性炭。

4. 滤液自然冷却，使结晶自过饱和溶液中析出。

5. 减压过滤，从母液中将结晶分出，洗涤结晶以除去吸附的母液。所得的结晶干燥后测定熔点或者用高效液相色谱测定其纯度，如发现其纯度不符合要求，可再用结晶的溶剂重复上述操作，直至纯度达到要求。

（二）溶剂选择依据

重结晶的关键是选择适宜的溶剂，必须考虑以下因素。

1. 溶剂与被提纯物质不起化学反应。

2. 被提纯物质在溶剂中的溶解度随温度变化而有较大差异。

3. 杂质在溶剂中的溶解度应较大或较小，这样可留在母液中或在热过滤时被滤除。

4. 溶剂应易挥发，但沸点不宜过低。

5. 溶剂应毒性小、价格低、易于回收、操作安全。

6. 被提纯物质在该溶剂中能够有较好的晶形。

（三）主要仪器和设备

重结晶通常需要用到回流、减压过滤装置（见本节过滤部分）。回流装置见图 3-4-12，它由圆底烧瓶、球形冷凝管组成。使用时需要在圆底烧瓶中放入沸石或搅拌子。

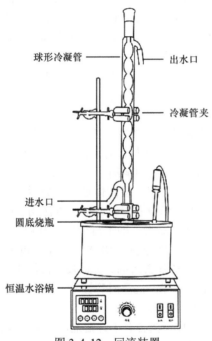

球形冷凝管 —— 出水口

冷凝管夹

进水口
圆底烧瓶

恒温水浴锅

图 3-4-12 回流装置

（四）操作方法

1. 溶解 根据溶剂的沸点和易燃性，选择适当的热浴，一般不采用直火加热。回流时应放沸石或搅拌子搅拌，以防溶液因过热暴沸而冲出。若在加热后发现未放沸石，则应停止加热，待液体稍冷后再放，绝对不可在加热时放入。用油浴加热要防止冷凝水溅入油浴内。

溶剂的用量必须要从两方面考虑，既要防止溶剂过量造成溶质的损失，又要考虑到后面饱和溶液热过滤时，因溶剂的挥发、温度下降使溶液变成过饱和溶液，造成过滤时在滤纸上析出结晶，从而影响收率。因此溶剂量一般比需要量多 15%～20%。

2. 脱色　溶液若含有带色杂质及树脂状物质时，可加入适量活性炭脱色，加入的量应根据杂质多少而定，用量一般为粗品重量的 1%～5%，尽量不要多加，以免产品被活性炭吸附。

加活性炭时，应待重结晶固体全部溶解，溶液稍冷后方可加入，然后再煮沸 5～10 min，立即趁热过滤。必须注意切勿将活性炭加到正在沸腾的溶液中，以免引起暴沸。

活性炭的脱色能力在水和醇溶液中较好，对非极性溶剂效果较差。除吸附有色杂质外，还可吸附除去树脂状杂质及高度分散的不易滤去的不溶性杂质。

3. 趁热过滤　热过滤时要迅速，要尽量不使热溶液温度降低，并尽快地使其通过漏斗。热过滤采用减压过滤或使用保温漏斗过滤，其中减压过滤最为常用。

减压过滤装置见图 3-4-3。为防止滤纸被热溶液穿破，需要采用双层滤纸，滤纸要能盖住布氏漏斗的全部小孔，且能自由移动。剪好滤纸后，应当清洗布氏漏斗和吸滤瓶，放入烘箱中预热。准备过滤时，戴上棉纱手套取出布氏漏斗和吸滤瓶，迅速搭好减压过滤装置，放入双层滤纸，用少量蒸馏水润湿，开启水泵确认有负压后，迅速倒入待过滤样品。

过滤完毕，迅速将滤液趁热倒入预热过的烧杯中。

4. 结晶　上述热过滤后的滤液静置，自然冷却，缓慢结晶。晶体的大小与冷却的过程有关，一般迅速冷却，或摩擦促进结晶时，得到的晶体细小，表面上吸附的杂质也较多。若将滤液静置且缓慢冷却，则析出的晶体较大，晶型相对比较好。若未趁热过滤，通常在过滤的过程中就有晶体析出，容易附着杂质，还应重新加热溶解，然后再慢慢冷却析晶。

此外，有些物质在一定的杂质存在或形成过饱和溶液的情况下，其热溶液放冷后并不能析出结晶，此时要采取一些方法来刺激结晶生成。这些方法实际上都是设法帮助其形成晶核，以利于结晶的生成，常采用的方法有以下两种。

（1）用玻璃棒摩擦瓶壁，此时所形成的玻璃微粒可作为晶核，或由于摩擦使瓶壁面粗糙，从而促使结晶的定向排列，较在平滑面上容易形成，这样就使结晶迅速析出。

（2）加入少量该纯净溶质的结晶于此饱和溶液中，使结晶迅速析出，这种操作称为"接种"或"种晶"。此外，还可利用加入冷冻剂、放置在冰箱中冷却等方法。

5. 收集和洗涤　晶体析出后，需充分与含有杂质的母液分开。实验室中通常应用减压过滤，装置见图 3-4-3。减压过滤前先用少量溶剂把略小于漏斗内径的滤纸润湿，然后打开水泵，将滤纸吸紧。当晶体沉于容器底部时，应首先将上层液体过滤，最后将晶体倾入，这样可提高过滤的速度。减压过滤时应尽量将母液除去，当没有母液或很少母液滴入吸滤瓶时，可用不锈钢刮勺或玻璃塞在晶体上轻压，使母液更能充分除去。抽干母液后，开启真空活塞放入空气解除真空状态，以少量纯溶剂均匀地倒在晶体上，使晶体刚好能均匀地浸湿，再用玻璃棒或刮勺轻轻搅拌（当心，不可搅破滤纸！），然后重新减压过滤除去溶剂。如此反复洗涤 1～2 次，每次洗涤后都必须抽干，再洗第 2 次，至所附着的母液完全除尽。洗涤时应注意：所用的溶剂必须是冷的，以减少晶体因溶解而造成损失；用少量溶剂，多次洗涤。

6. 干燥　减压过滤所获得的晶体，尚含有少许溶剂，需要将晶体移到表面皿上干燥除去。

在不影响晶体的分解、熔化或挥发等情况下，为了加速产品的干燥，可以把它放在表面皿上，铺成薄层，于烘箱内在产品的熔点以下加温干燥。易吸潮或者熔点较低的有机物应置干燥器或真空干燥器中干燥。详见第三章第三节。充分干燥后的结晶称重、测熔点，最后计算产率。如果纯度不符合要求，可再进行重结晶，直到熔点符合为止。

（五）注意事项

1. 活性炭用量为样品量的 1%～5%，不可在沸腾时加入。

2. 若发现有漏炭现象应重复减压过滤操作。若已析出晶体，则应重新溶解后再过滤。

3. 表面皿事先洗净，烘干，贴上标签，写上姓名并称重。

五、升　华

升华（sublimation）是纯化固体有机化合物的一种手段，它是固体有机化合物受热气化为蒸气，然后由蒸气直接冷凝为固体的过程。

不是所有的固体物质都能用升华的方法来纯化，升华适用于在不太高的温度下有较高蒸气压（高于 20 mmHg，即 2.67 kPa）的固体物质。升华的特点是纯化后的物质纯度较高，但操作时间长，损失较大，因此实验室里一般用于较少量（1～2 g）化合物的纯化。另外，要求固体中杂质的蒸气压与被纯化物质的蒸气压有显著的差异。

（一）原理

对称性较高的固体物质，其熔点一般较高，并且在熔点温度以下往往具有较高的蒸气压，这类物质一般可采用升华的方法来提纯。

升华的原理可利用固、液与气相平衡曲线图来解释，见图 3-4-13。ST 表示固相与气相平衡时固体的蒸气压曲线，TW 是液相与气相平衡时液体的蒸气压曲线。TV 为固相与液相的平衡曲线，此曲线与其他两曲线在 T 处相交。T 为三相点，在这一温度和压力下，固、液、气三相处于平衡状态。可见在三相点以下，化合物只有气、固两相。若温度降低蒸气就不再经过液相而直接变成固相。所以一般的升华操作在三相点温度以下进行。

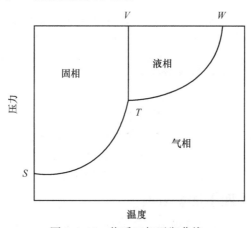

图 3-4-13　物质三相平衡曲线

和液体化合物的沸点类似，固体化合物的蒸气压等于固体化合物表面所受压力时的温度，即为该固体化合物的升华点。

常压下不易升华的物质，如在减压下升华，可得到较满意的结果。也可在减压下通入少量空气或惰性气体以加快蒸发的速度，通入气体量不能影响真空度。

（二）基本装置

升华操作与蒸馏操作相似，可在常压和减压情况下进行。

1. 常压升华　将待升华物质放入蒸发皿中，铺均匀，上面覆盖一张穿有多个小孔的滤纸，然后将大小合适的玻璃漏斗倒盖在上面，漏斗颈口塞一点棉花或玻璃毛，以减少蒸气外排。在石棉网上缓慢加热蒸发皿（最好用砂浴或其他热浴），小心调节火焰，控制浴温低于待升华物质的熔点，使其慢慢升华。蒸气通过滤纸孔上升，冷却后凝结在滤纸上或漏斗壁。必要时漏斗外可用湿滤纸或湿布冷却，见图 3-4-14。

注意：①冷却面与升华物质的距离应尽可能近；②待升华物质应预先粉碎，因升华发生在物质的表面。

2. 减压升华   减压升华见图 3-4-15，把待升华的固体物放入吸滤管中，将装有指形冷凝管的橡皮塞紧密塞住管口，利用水泵或油泵减压，吸滤管浸入水浴或油浴中，慢慢加热，升华物冷凝在指形冷凝管的表面。升华完成后，除去热源，缓慢通大气，以免升华物掉落影响纯度。

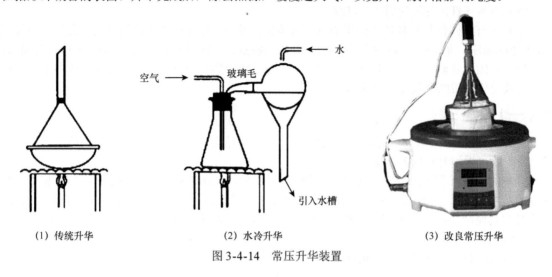

(1) 传统升华   (2) 水冷升华   (3) 改良常压升华

图 3-4-14   常压升华装置

无论常压还是减压升华，加热温度都应控制在被升华物质的熔点以下，常用水浴、油浴等热浴进行加热。

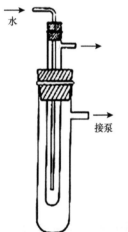

图 3-4-15   减压升华装置

（三）基本操作

以茶叶提取物中咖啡碱升华为例，利用改良常压升华装置［图 3-4-14 (3)］，将待升华样品置于烧杯中，盖好提前打孔的滤纸，安装好温度探头，先将温度调至 130℃，待温度稳定后再继续升温至 180℃，在此温度下稳定 10 min。当滤纸毛面上出现较多针状固体时，即完成升华，小心取下漏斗，用刮刀将滤纸上的咖啡碱刮下。

（四）注意事项

1. 升华过程中，须严格控制温度，温度过高会使得被提纯物质迅速炭化。

2. 加热过程中，实际温度和设定温度之间会有一定的差异，将温度保持在升华点以上 2℃即可。

六、离心分离

当需要分离试管中少量的溶液与沉淀物时，常采用离心分离（centrifugal separation）法，这种方法操作简单而迅速。实验室常用的电动离心机是由高速旋转的小电动机带动一组金属或塑料套管进行高速圆周运动。装在金属管内离心试管中的沉淀物受到离心力的作用向离心试管底部集中，上层便得到澄清的溶液，从而使溶液与沉淀分离。电动离心机的转速由变速器旋钮调节。

使用电动离心机进行离心分离时，把装有少量试样的离心管对称地放入电动离心机的金属（或塑料）套管内，并且尽可能使两侧的离心管质量相近。如果只有一支离心试管中装有试样，为了使电动离心机转动时保持平衡，防止高速旋转时损坏离心机，需在与之对称的另一金属（或塑料）套管内也放一支装有水的相同（或相近）质量的离心试管。

放好离心试管后盖好盖子，先把电动离心机变速器旋钮旋到最低挡，通电后，逐渐转动变速器旋钮使其加速，到达规定转速和时间后，再将变速器旋转到最低挡，切断电源，让离心机自动停止转动。不要用手或其他方法强制离心机停止转动，否则很容易损坏离心机，而且容易发生危险。若电动离心机转动时发出异常噪声或机身振动幅度很大时，应立即关闭电源，查明原因并排除故障后再行使用。

离心沉降后，需将溶液和沉淀分离时，则用左手斜持离心试管，右手持滴管，用手指捏紧滴管的橡皮头以排除其中的空气，然后轻轻地将滴管插入上清液中（注意不要让滴管触及沉淀），这时慢慢减小手对橡皮头的挤压力量，上清液即被吸入滴管中。随着离心试管中上清液的减少，滴管应逐渐下移，至全部上清液被吸出并转移到接收器中为止。如果沉淀需要洗涤，可以向盛有沉淀的离心试管中加入适量洗涤液，充分搅拌后再进行离心分离，同样用滴管移出上清液。如此反复2～3次，每次所用洗涤液的体积为沉淀体积的2～3倍即可。

七、旋 转 蒸 发

在有机化学实验中，浓缩溶液、除去溶剂或者回收溶剂时通常使用蒸馏法，但由于溶剂量大需要长时间的加热，特别是对于一些热稳定性差的化合物，很容易引起分解变质，而减压蒸馏操作烦琐，因此在减压蒸馏的基础上，人们发明了旋转蒸发仪。

旋转蒸发仪主要用于在减压条件下连续蒸馏大量易挥发性溶剂，尤其对萃取液的浓缩和色谱分离接收液的蒸馏，可以使其在较低的温度下快速分离。

（一）原理

旋转蒸发仪的基本原理是减压蒸馏。旋转蒸发仪为全玻璃式封闭的装置，它通过电子控制，使旋转烧瓶在最合适的速度下恒速旋转以增大蒸发面积，通过真空泵（水泵或油泵）使密闭体系处于负压状态。旋转烧瓶在旋转的同时置于水浴锅中恒温加热，瓶内的液体在负压旋转烧瓶中进行加热、扩散、蒸发。旋转蒸发仪系统可以密封减压至400～600 mmHg（53.33～79.99 kPa），同时还可以进行旋转，速度可控制在50～160 r/min，使溶剂形成薄膜，增大蒸发面积，可以通过调节转速来控制蒸发的快慢。此外，在高效的冷却器（常使用低温循环系统代替冷凝水循环）的作用下，蒸气被迅速液化，进一步提高了蒸发的速率。

（二）真空系统和冷却系统的选择

蒸馏一般有机溶剂，如二氯甲烷、乙酸乙酯、石油醚等低沸点的溶剂时，可以选择使用真空循环水泵；当被蒸馏物沸点高于100℃时，如N, N-二甲基甲酰胺（DMF），则采用真空度更高的真空隔膜泵或者真空油泵。冷却系统通常采用0～20℃低温循环冷却系统。

（三）主要仪器和装备

旋转蒸发装置由循环水泵、安全瓶、旋转蒸发仪和低温循环系统组成。

（四）使用方法

见第二章第一节。

第五节　常用色谱技术

一、概　述

色谱分析技术简称色谱法（chromatography），是利用物质在相对运动的两相之间进行多次的"分配"产生差速迁移，从而实现混合组分分离的分析方法。色谱法已广泛用于医药、化工、材料和环境等各个领域，是复杂混合物最重要的分离分析方法。

色谱法起源于20世纪初。1906年俄国植物学家茨维特（Tswett）将碳酸钙放在竖立的玻璃管中，从顶端倒入植物色素的石油醚浸取液，同时用石油醚冲洗，结果在管的不同部位形成色带，因而命名为色谱。随后，Tswett在其发表的研究论文中将这种分离方法命名为"色谱法"。在色谱法中，固定在柱管内的填充物称为固定相（stationary phase），沿固定相流动的液体称为流动相（mobile phase），装填有固定相的柱子称为色谱柱。

20世纪30～40年代先后出现了薄层色谱法与纸色谱法。50年代兴起了气相色谱法（GC），把色谱法提高到了"分离"与"在线分析"的新水平，也奠定了现代色谱法的基础。1956年戈莱（Golay）提出了开管柱色谱理论，1957年诞生了毛细管色谱分析法。60年代推出了气相色谱-质谱联用技术，有效地弥补了色谱法定性和特征差的缺点。70年代高效液相色谱法的崛起，为难挥发、热不稳定及高分子样品的分离分析提供了有力手段，扩大了色谱分析的应用范围，成为色谱法中一个新的里程碑。

（一）色谱法的分类

1. 按两相的状态分类　色谱法的流动相可以是气体、液体或超临界流体，相应地可分为气相色谱法（gas chromatography，GC）、液相色谱法（liquid chromatography，LC）和超临界流体色谱法（supercritical fluid chromatography，SFC）；色谱法的固定相可以是固体或液体，相应的气相色谱法又可分为气-固色谱法和气-液色谱法，液相色谱法则可以分为液-固色谱法和液-液色谱法。

2. 按固定相的几何形式分类　可以分为柱色谱法（column chromatography，CC）、纸色谱法（paper chromatography，PC）、薄层色谱法（thin-layer chromatography，TLC）。

3. 按色谱过程的分离原理分类　可分为分配色谱法（partition chromatography）、吸附色谱法（adsorption chromatography）、离子交换色谱法（ion exchange chromatography）、分子排阻色谱法（molecular exclusion chromatography）、亲和色谱法（affinity chromatography）。

（二）色谱过程

色谱过程是组分分子在流动相和固定相之间多次"分配"的过程，图3-5-1表示柱色谱法的色谱过程。把含有A、B两组分的样品加到色谱柱的顶端，A、B均被吸附到吸附剂（固定相）上，然后用流动相冲洗，流动相流过时，已被吸附在固定相上的两种组分溶解于流动相中而被解吸，并随着流动相向前移行，流动相中已解吸的组分遇到新的吸附剂颗粒，再次被吸附，如此在色谱柱上发生反复多次的吸附-解吸（或称分配）过程。若所分离的两种组分的理化性质存在着微小的差异，则在吸附剂表面的吸附能力同样也存在微小的差异，经过多次重复，微小的差异累积，

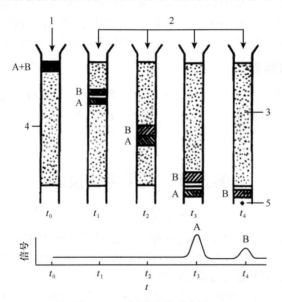

图 3-5-1　色谱过程示意图

1.样品；2.流动相；3.固定相；4.色谱柱；5.检测器

最终结果为吸附能力弱的 A 先流出色谱柱，吸附能力强的 B 后流出色谱柱，从而达到各组分分离的目的。

（三）色谱图及相关术语

经色谱柱分离后的各组分随流动相依次进入检测器，检测器将各组分浓度或质量的变化转化为可测量的电信号，记录此信号强度随时间变化的曲线，称为色谱流出曲线，亦称作色谱图（chromatogram），见图 3-5-2。

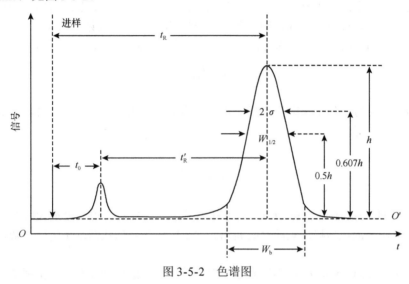

图 3-5-2　色谱图

与色谱图相关的术语如下。

1. 基线（baseline）　仅有流动相通过检测器时，所得到的流出曲线称为基线。稳定的基线是一条平行于时间轴的直线。

2. 色谱峰（peak）　色谱流出曲线上的突起部分称为色谱峰。正常色谱峰为对称正态分布的曲线。不正常的色谱峰一般有两种：拖尾峰（tailing peak）和前伸峰（leading peak），拖尾峰前沿陡峭，后沿平缓；前伸峰前沿平缓，后沿陡峭。

3. 峰高（peak height，h）　色谱峰顶点与基线之间的垂直距离。

4. 标准差（standard deviation，σ）　正态色谱流出曲线上两拐点间距离的 1/2 称为标准差。标准差可用来衡量组分被洗脱出色谱柱的分散程度，其值越大，组分越分散；反之越集中。对于正常峰，σ 为 0.607 倍峰高处的峰宽的 1/2。

5. 半峰宽（peak width at half height，$W_{1/2}$）　峰高 1/2 处的峰宽称为半峰宽。半峰宽与标准差的关系为

$$W_{1/2}=2.355\sigma \tag{3-5-1}$$

6. 峰宽（peak width，W）　色谱峰两侧拐点切线在基线上所截得的距离称为峰宽，峰宽与标准差或半峰宽的关系为

$$W=4\sigma \text{ 或 } W=1.699W_{1/2} \tag{3-5-2}$$

7. 峰面积（peak area，A）　色谱峰曲线与基线间包围的面积称为峰面积。正常色谱峰的峰面积与峰高和半峰宽的关系为

$$A=1.065h \cdot W_{1/2} \tag{3-5-3}$$

（四）色谱法的基本参数

1. 相平衡参数　色谱过程是样品组分在固定相和流动相之间反复多次的"分配"过程，这种

"分配"过程常用分配系数和容量因子来描述。

（1）分配系数（partition coefficient，K）：在一定温度和压力下，组分在两相中达到分配平衡后，其在固定相与流动相中的浓度之比称为分配系数，即

$$K=\frac{c_s}{c_m} \tag{3-5-4}$$

式中，c_s 和 c_m 分别为组分在固定相和流动相中的浓度。分配系数仅与组分、固定相和流动相的性质及温度有关。在一定条件（固定相、流动相、温度）下，分配系数是组分的特征常数。

（2）容量因子（capacity factor，k）：在一定温度和压力下，组分在两相中达到分配平衡后，其在固定相和流动相中的质量之比称为容量因子，又称质量分配系数或分配比，即

$$k=\frac{m_s}{m_m} \tag{3-5-5}$$

式中，m_s 和 m_m 分别为组分在固定相和流动相中的质量。若用 V_s 和 V_m 分别表示色谱柱中固定相和流动相的体积，则有

$$k=\frac{c_s V_s}{c_m V_m}=K\frac{V_s}{V_m} \tag{3-5-6}$$

2. 保留值

（1）保留时间（retention time，t_R）：从进样到某组分在柱后出现浓度最大时的时间间隔，即从进样开始到某组分的色谱峰顶点的时间间隔。保留时间是色谱法的基本定性参数，主要用于柱色谱法。

（2）死时间（dead time，t_0）：不被固定相保留的组分从进样到其在柱后出现浓度最大时的时间间隔，称为死时间。

（3）调整保留时间（adjusted retention time，t_R'）：某组分由于与固定相发生作用而被固定相保留，比不被固定相保留的组分在色谱柱中多停留的时间称为调整保留时间，即组分在固定相中滞留的时间。调整保留时间与保留时间和死时间的关系为

$$t_R'=t_R-t_0$$

在实验条件（温度、固定相等）一定时，调整保留时间仅取决于组分的性质，因此它是常用的色谱定性参数之一。

（4）保留指数（retention index，I）：把组分的保留行为换算成相当于含有几个碳的正构烷烃的保留行为，通常是用与被测组分的保留时间相近的两个正构烷烃作为标准，来标定被测组分的保留指数，其定义式如下：

$$I_X=100\left[z+n\frac{\lg t_{R(X)}'-\lg t_{R(z)}'}{\lg t_{R(z+n)}'-\lg t_{R(z)}'}\right] \tag{3-5-7}$$

式中，I_X 为被测组分的保留指数，又称科瓦茨指数（Kovats index）；z 与 $z+n$ 为正构烷烃对应的碳原子数。n 可为 1，2，…通常为 1。人为规定正构烷烃的保留指数为其碳原子数的 100 倍，如正己烷、正庚烷及正辛烷等的保留指数分别为 600、700 及 800，以此类推。保留指数是色谱定性常用的参数。

3. 分离度　分离度（resolution，R）是描述相邻两组分在色谱柱中分离情况的参数，其定义式为

$$R=\frac{2(t_{R2}-t_{R1})}{W_1+W_2} \tag{3-5-8}$$

式中，t_{R1}、t_{R2} 分别为组分 1、2 的保留时间；W_1、W_2 分别为组分 1、2 的色谱峰宽。通过测量相邻两组分的保留时间和峰宽，即可计算出分离度（图 3-5-3）。进行定量分析时，为了能获得较好的

精密度与准确度，应使 $R \geq 1.5$。

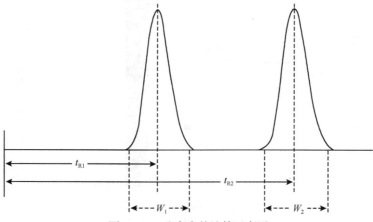

图 3-5-3　分离度的计算示意图

（五）各类型色谱法的分离机制

1. 分配色谱法　分配色谱法是利用待分析组分在固定相或流动相中溶解度的差异而实现分离的方法。一般的气–液色谱（GLC）和液–液色谱（LLC）都属于分配色谱，见图 3-5-4，图中 X 代表样品中某组分分子；X_m 和 X_s 则分别表示流动相和固定相中的溶解的组分分子（溶质）。流动相与固定相中的组分分子处于动态平衡时的浓度之比，即为分配系数 K。当组分分子在固定相中溶解度越大，或在流动相中溶解度越小时，K 越大。

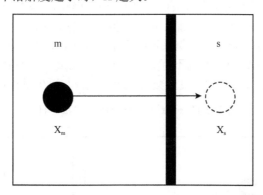

图 3-5-4　分配色谱法示意图

m. 流动相；s. 固定相；X. 样品组分分子

2. 吸附色谱法　吸附色谱法利用固定相表面活性吸附中心对待分析组分吸附能力的差别而实现分离；其固定相为固体吸附剂，一般的气–固色谱（GSC）和液–固色谱（LSC）都属于吸附色谱。吸附过程是样品中各组分分子（X）与流动相分子（Y）争夺吸附剂表面活性中心的过程（即为竞争性吸附），见图 3-5-5，当吸附达到平衡时可以表示为

$$X_m + nY_s \rightleftharpoons X_s + nY_m$$

流动相中组分分子 X_m 与吸附剂表面的 n 个流动相分子 Y_s 进行置换，组分分子被固定相吸附用 X_s 表示，同时流动相分子解吸附，回至流动相内部，用 Y_m 表示。吸附平衡常数称为吸附系数（K_a），可以近似用浓度商表示为：

$$K_a = \frac{[X_s][Y_m]^n}{[X_m][Y_s]^n} \tag{3-5-9}$$

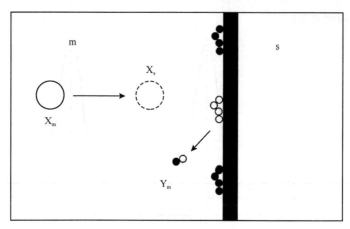

图 3-5-5　吸附色谱示意图

m. 流动相；s. 吸附剂；X. 样品组分分子；Y. 流动相分子

因为流动相的量很大，所以 $[Y_m]^n/[Y_s]^n$ 近似于常数，并且吸附只发生于吸附剂表面，因此，吸附系数可简写为

$$K_a = \frac{[X_s][Y_m]^n}{[X_m][Y_s]^n} = \frac{[X_s]/S_s}{[X_m]/V_m} \tag{3-5-10}$$

式中，S_s 表示吸附剂的表面积，V_m 为流动相（展开剂）的体积。吸附系数与吸附剂的活性、组分的性质和流动相的性质有关。

3. 离子交换色谱法　离子交换色谱法是利用被分离组分离子交换能力的差别而使组分达到分离的色谱方法，其固定相为离子交换树脂，按可交换离子的电荷符号主要分为阳离子交换树脂和阴离子交换树脂。以阳离子交换色谱为例来说明离子交换色谱的分离机制，见图 3-5-6，E 为树脂骨架，树脂表面的负离子（如 SO_3^-）为不可交换离子，其正离子（如 H^+）为可交换离子。如果流动相中携带正离子（如 Na^+），则与 H^+ 发生交换反应。交换与再生过程可用下式表示：

$$RSO_3^-H^+ + Na^+ \underset{再生}{\overset{交换}{\rightleftharpoons}} RSO_3^-Na^+ + H^+$$

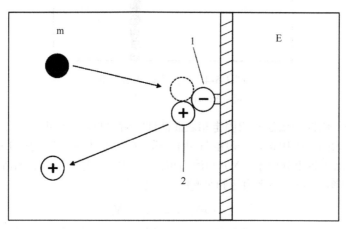

图 3-5-6　阳离子交换色谱示意图

m. 流动相；1. 不可交换离子；2. 可交换离子

同样，阴离子交换反应可表示为

$$RNR_3^+OH^- + Cl^- \underset{再生}{\overset{交换}{\rightleftharpoons}} RNR_3^+Cl^- + OH^-$$

离子交换过程可用通式表示：

$$R\text{-}B+A \rightleftharpoons R\text{-}A+B$$

交换反应达平衡时，以浓度表示的平衡常数 $K_{A/B}$ 为

$$K_{A/B}=\frac{[R\text{-}A][B]}{[R\text{-}B][A]} \tag{3-5-11}$$

式中，[R-A] 和 [R-B] 分别为 A、B 在离子交换柱的浓度；[A]、[B] 为它们在流动相中的浓度。$K_{A/B}$ 也称为离子交换反应的选择性系数，它是衡量组分离子对离子交换剂亲和能力相对大小的量度，常选择某种离子（如 H^+ 或 Cl^-）作参考（B），测定一系列离子（A）的选择性系数。

离子交换色谱法是基于不同组分对离子交换剂的选择性系数 $K_{A/B}$ 的差别而实现分离。$K_{A/B}$ 值较大的组分，对离子交换剂的亲和能力较强，随流动相迁移的速度较慢；$K_{A/B}$ 值较小的组分，则迁移的速度较快。选择性系数 $K_{A/B}$ 与样品组分离子、离子交换剂和流动相的性质有关。

4. 分子排阻色谱法　分子排阻色谱法根据被分离组分分子的线团尺寸不同，即渗透系数的不同而进行分离的方法，也称为空间排阻层析（steric exclusion chromatography）。它的固定相是多孔性填料凝胶，所以又称为凝胶色谱法（gel chromatography），该色谱法按流动相的不同分为两类：以水溶液为流动相称为凝胶过滤色谱法（gel filtration chromatography，GFC）；以有机溶剂为流动相称为凝胶渗透色谱法（gel permeation chromatography，GPC）。

凝胶色谱法的分离原理与上述介绍的 3 种色谱法完全不同，它只取决于凝胶的孔径大小与被分离组分分子大小之间的关系，与流动相的性质无关。它的作用类似于分子筛的作用（反筛子），见图 3-5-7。

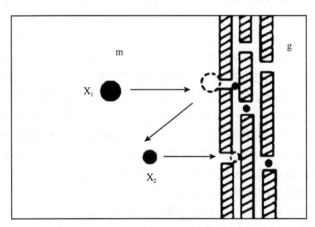

图 3-5-7　分子排阻色谱示意图
m. 流动相；g. 凝胶；X_1、X_2. 大小不同的分子

根据空间排阻理论，孔内外同等大小的组分分子处于扩散平衡状态：

$$X_m \rightleftharpoons X_s$$

式中，X_m 与 X_s 分别代表在孔外流动相中与凝胶孔穴中同等大小的组分分子。平衡时，两者浓度之比称为渗透系数，可用下式表示：

$$K_p=\frac{[X_s]}{[X_m]} \tag{3-5-12}$$

渗透系数的大小只由组分分子的线团尺寸和凝胶孔穴的大小所决定。在凝胶孔径一定时，分子线团尺寸大到不能进入凝胶的任何孔穴时，$[X_s]=0$，则 $K_p=0$；分子线团尺寸小到能进入所有孔

穴时，$[X_s] = [X_m]$，则 $K_p = 1$；分子线团尺寸在上述两种分子之间的分子，能进入部分孔穴，即 $0 < K_p < 1$。

二、常用经典色谱法

（一）柱色谱法

柱色谱法（column chromatography）是分离、纯化和鉴定有机化合物的重要方法之一。柱色谱常分为吸附色谱和分配色谱两类，前者常用氧化铝或硅胶为吸附剂，后者以硅胶、硅藻土和纤维素为支持剂，以吸收大量的液体为固定相。当色谱柱中两相相对运动时，反复多次地利用混合物中所含各组分吸附能力和分配平衡性质的差异，最后达到彼此分离的目的。这里主要讨论吸附柱色谱法。

1. 原理 固定相是固体，流动相是液体的柱色谱法称为液–固吸附柱色谱法。吸附（adsorption）是溶质在吸附剂表面的浓缩现象，吸附剂通常是多孔性的微粒状物质，具有很大的比表面积。在吸附剂表面有许多吸附中心，吸附中心的多少和吸附能力的强弱会直接影响吸附剂性能。例如，常用吸附剂硅胶表面的硅醇基（—SiOH）为吸附中心，对不同极性的化合物具有不同的吸附能力。在吸附柱色谱法中，当加入的洗脱剂流下时，由于不同化合物吸附能力不同，因而以不同的速度沿柱向下流动。吸附能力弱的组分随溶剂首先流出，吸附能力强的组分易被吸附剂所吸附，随流动相向前移行的速度小，保留时间比较长，后流出色谱柱。在连续洗脱过程中，分别收集不同组分或不同色带，从而达到分离纯化的目的。

2. 吸附剂和流动相的选择 吸附柱色谱法常用的吸附剂（固定相）有硅胶、聚酰胺和氧化铝等。流动相洗脱作用的实质为流动相分子与被分离的组分分子竞争占据吸附剂表面活性吸附中心的过程。强极性的流动相分子竞争占据极性中心的能力强，具有强的洗脱作用；弱极性或者非极性的流动相竞争占据吸附性中心的能力弱，洗脱作用弱。因此，为了使样品中吸附能力有差异的各组分得到完全分离，必须根据样品的性质、吸附剂的活性选择适当极性的流动相。

（1）待测物质的结构、极性与吸附力：待测物质的结构不同决定了其极性和对吸附剂表面吸附中心的吸附力差异，一般规律如下。①饱和碳氢化合物为非极性化合物，一般不能被吸附剂吸附。②基本母核相同的化合物，分子中引入的取代基的极性越强，极性基团越多，则整个分子的极性越强，吸附能力就越强；极性基团越大，分子极性越强。③不饱和化合物比饱和化合物吸附力强，分子含有双键结构数目越多，吸附力越强。④待测物质分子中取代基的空间排列对吸附性

也有影响，如羟基处于能形成分子内氢键的位置时（和羟基、硝基、羧基等基团相邻），其吸附能力明显降低。常见化合物的极性（吸附能力）有下列顺序：

烷烃<烯烃<醚<硝基化合物<二甲胺<酯<酮<醛<胺<酰胺<酚<羧酸

（2）流动相的极性：流动相（展开剂）的洗脱能力主要取决于其极性的大小，极性较强的流动相占据吸附中心的能力强，其洗脱能力就强。使用强极性的流动相，组分的 K 值较小，保留时间缩短。常用流动相的极性（洗脱能力）顺序大体为

石油醚<环己烷<二硫化碳<三氯乙烷<苯<甲苯<二氯甲烷<三氯甲烷<乙醚<乙酸乙酯<丙酮<正丁醇<乙醇<甲醇<吡啶<酸

（3）吸附剂和流动相的选择原则：用氧化铝或硅胶为固定相的柱色谱法分离极性较强的物质时，通常是选用活性较低的吸附剂和极性较强的流动相，使组分能在合适的分析时间内被洗脱和分离。如果被分离组分的极性较弱，则需选用活性较高的吸附剂和极性较弱的流动相，使组分有足够的保留时间。若用聚酰胺为吸附剂时，一般用水溶液作流动相，如不同配比的醇–水、丙酮–水及二甲基甲酰胺–氨水等溶液。

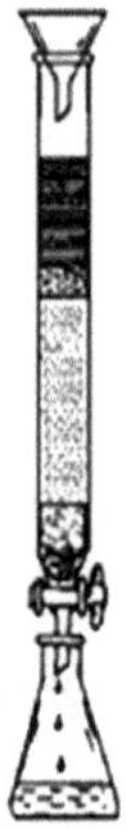

3. 主要仪器和装备 柱色谱法装置主要包括色谱柱、漏斗、接收瓶，见图3-5-8。

图3-5-8 柱色谱法装置

4. 操作方法

（1）装柱：色谱柱的装填有干装和湿装两种方法。

干装时，先在柱底塞上少许玻璃纤维或棉花，再加入一些细粒石英砂，然后将准备好的吸附剂用漏斗慢慢加入干燥的色谱柱中，边加边敲击柱身，务必使吸附剂装填均匀，不能有空隙。吸附剂用量应是被分离组分量的30～40倍，必要时可多达100倍。

湿装时将准备好的吸附剂用适量展开剂调成可流动的糊状，如干装时一样准备好色谱柱，将吸附剂糊小心地慢慢加入柱中，加入时不停敲击柱身，务必使吸附剂装填均匀，不能有气泡和裂隙，还必须使吸附剂始终被展开剂覆盖。吸附剂上覆盖少许石英砂。

（2）上样：干柱采用干法装样。将待分离的混合物用适当溶剂溶解后，加入少量填料，在水浴上不断搅拌蒸干，装入柱顶，再盖以少量填料，覆盖少许石英砂。

湿法上样时将待分离的混合物用少量展开剂溶解，小心加入柱中，打开活塞，使样品被吸附剂完全吸附，关闭活塞。

（3）洗脱：待混合物溶液液面接近吸附剂上的石英砂时，旋开滴液漏斗旋塞，滴加展开剂，滴加速度以每秒1～2滴为适度。整个过程中，应使展开剂始终覆盖吸附剂。

5. 注意事项

（1）装柱时要有一定紧实度，装完的柱子要求无断层、无缝隙、无气泡。

（2）湿法上样时将样品用少量展开剂溶解，沿色谱柱管壁缓慢加入，注意勿使吸附剂翻起。

（3）洗脱时，展开剂应保持一定高度的液面，切勿断流。

（二）薄层色谱法

薄层色谱法是将固定相均匀地涂铺在具有光洁表面的玻璃、塑料或金属板上形成薄层，在此薄层上进行色谱分离的方法。按分离机制薄层色谱法可分为吸附、分配和分子排阻法等，这里主要讨论吸附薄层色谱法。

1. 原理　固定相为吸附剂的薄层色谱法，称为吸附薄层色谱法，属于液−固吸附色谱，样品在薄层板上的吸附剂（固定相）和展开剂（流动相）之间进行分离，由于各成分的吸附能力不同，在展开剂上移时，它们进行不同程度的解吸，从而达到分离的目的。薄层色谱法的参数包括以下几种。

（1）阻滞因子（retardation factor，R_f）：又称比移值，是组分的迁移距离（L_i）与展开剂的迁移距离（L_0）之比，即

$$R_f = L_i/L_0 \tag{3-5-13}$$

在展开的薄层板中，由于组分受到薄层固定相的吸附作用，所以其迁移速度 u 总是小于展开剂的迁移速度 u_0，即 $u < u_0$，同样组分的迁移距离 L_i 也总是小于展开剂的迁移距离 L_0，即 $L_i < L_0$，所以，比移值总是小于1。实践中，比移值的可用范围是0.2～0.8，而最佳范围是0.3～0.5。由于比移值受被分离组分的性质、固定相和流动相的种类、展开容器内的饱和度、温度等多种因素的影响，在不同实验室或不同实验者间进行同一化合物比移值的比较是很困难的。

（2）相对比移值（relative retardation factor，R_r）：是在一定条件下，被测组分的比移值与参考物质比移值之比，其定义式如下：

$$R_r = R_f(i)/R_f(s) = a/b$$

式中，$R_f(i)$ 和 $R_f(s)$ 分别为组分 i 和参考物质 s 在相同条件下的比移值；a 和 b 分别为组分 i 和参考物质 s 在平面色谱上的移动距离。相对比移值在一定程度上消除了测定中的系统误差，因此与比移值相比具有较高的重现性和可比性。测定 R_r 时，可以选择纯物质加到试样中作为参考物质，也可以是试样中的某一已知组分；R_r 可以大于1，也可以小于1。

（3）分离度（resolution，R）：是薄层色谱法的重要分离参数之一，表示两相邻斑点中心距离与两斑点平均宽度的比值，即

$$R = 2 (L_2-L_1)/(W_1+W_2) = 2d/(W_1+W_2)$$　　　　　　　（3-5-14）

式中，W_1、W_2 分别为两斑点的宽度；L_1、L_2 分别为两相邻斑点与原点的距离；d 为两相邻斑点中心距离。

2. 固定相和展开剂的选择

（1）固定相的选择：薄层色谱常用的固定相包括硅胶、氧化铝、硅藻土或聚酰胺等，最常用的是硅胶，适用于多种化合物的分离。薄层用的硅胶粒度通常为 $10\sim40$ μm。硅胶中加入 $10\%\sim15\%$ 的煅石膏后称为硅胶 G。若在硅胶 G 中加入荧光物质（如锰激活的硅酸锌）称为硅胶 GF_{254}，表示在 254 nm 紫外光下呈强烈黄绿色荧光背景，适用于本身不发光又无适当显色剂显色的物质。不含黏合剂的硅胶称为硅胶 H。

在吸附薄层色谱法中，固定相的选择与吸附柱色谱法类似，一般被分离物质极性强时，应选择吸附能力弱的吸附剂；若被分离的物质极性弱，则应选择吸附能力强的吸附剂。

（2）展开剂的选择：展开剂的作用是带动样品中各组分分子进行一定方向的展开运动并最终使其完全分离，通常由液态的单一溶剂或多元溶剂系统所构成。在吸附薄层色谱法中，选择展开剂的一般原则和吸附柱色谱法中选择流动相的规则相似，主要是根据被分离物质的极性、吸附剂的活性及展开剂本身的极性来决定，即根据被分离组分（溶解性、酸碱性、极性等）、固定相（活性、非活性）和展开剂（极性、非极性）之间的关系进行选择和优化，见图 3-5-9，最终由实验结果确定。

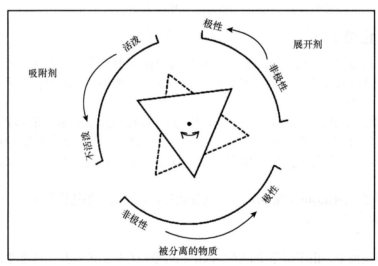

图 3-5-9　化合物的极性、吸附剂活性和展开剂极性之间的关系

3. 主要仪器和装备　薄层板可采用市售的商品化薄层板和自制薄层板。实验室自制的薄层板，最常用的固定相有硅胶 G、硅胶 GF、硅胶 H、微晶纤维素等。铺好的硅胶板应先置于水平台上，于室温下晾干后，在 $105\sim110$℃活化 $0.5\sim1$ h，随即置于有干燥剂的干燥箱或干燥器中备用。

在展开缸中加入配好的展开剂，将点好的薄层板小心地放入展开缸中，点样一端朝下，浸入展开剂中。盖好展开缸盖，观察展开剂前沿上升到一定高度时取出，见图 3-5-10。

4. 操作方法

（1）薄层板的制备：在烧杯中放入适量硅胶 G，加入适当浓度的羧甲基纤维素钠水溶液，调成糊状。将配制好的浆料倾注到清洁干燥的载玻片上，拿在手中轻轻地左右摇晃，使其表面均匀平滑，在室温下晾干后进行活化。薄层板制备的好坏直接影响色谱的结果，薄层应尽量均匀且厚度要固定，否则，在展开时前沿不齐，色谱结果也不易重复。

（2）薄层板的活化：将涂布好的薄层板置于室温下晾干后，放在烘箱内加热活化，活化条件根据需要而定。硅胶板一般在烘箱中渐渐升温，维持 $105\sim110$℃活化 $0.5\sim1$ h，活化后的薄层板放在干燥器内保存备用。使用前检查其均匀度，薄层表面应均匀、平整、光滑，并且无麻点、无气泡、无破损及污染。

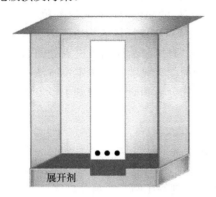

图 3-5-10 薄层色谱展开装置

（3）薄层色谱点样：溶解样品的溶剂要尽量避免用水，因为水溶液斑点容易扩散，且不易挥发，一般用甲醇、乙醇、丙酮、三氯甲烷等挥发性有机溶剂，最好用与展开剂极性相似的溶剂，应尽量使点样后的溶剂能迅速挥发，以减少色斑的扩散。水溶性样品，可先用少量水使其溶解，再用甲醇或乙醇稀释定容。

在洁净干燥的环境中，用专用毛细管、微量注射器，或配合相应的半自动、自动点样设备点样于薄层板上。一般为圆点状或窄细的条带状，点样基线距底边 10～15 mm，圆点状直径一般不大于 4 mm，接触点样时注意勿损伤薄层表面；条带状宽度一般为 5～10 mm，可用专用半自动或自动点样器喷雾法点样。点间距离可视斑点扩散情况而定，以相邻斑点互不干扰为宜，一般不少于 8 mm。适当的点样量可使斑点集中。点样量过大，易拖尾或扩散；点样量过小，不易检出。点样量的多少，应视薄层板的性能及显色剂的灵敏度而定。

（4）薄层色谱展开：薄层色谱的展开，需要在密闭展开缸中进行。在展开缸中加入配好的展开剂，使其高度不超过 1 cm。将点好的薄层板小心放入展开缸中，点样一端朝下，浸入展开剂中，注意展开剂不能浸泡点样原点。盖好缸盖，观察展开剂前沿上升到一定高度时取出，尽快在板上标上展开剂前沿位置。可根据需要和薄层板的性质来选择不同的展开装置，上行展开时，浸入展开剂的深度以距原点 5 mm 为宜，除另有规定外，一般上行展开 8～15 cm。

在展开之前，通常将点好样的薄层板置于有展开剂的展开装置内，但不浸入展开剂，放置 15～30 min，这个过程称为预饱和。在展开过程中最好恒温恒湿，因为温度和湿度的改变都会影响比移值和分离效果，降低重现性。

（5）薄层色谱显色与分析：样品斑点的定位是使展开后的样品点显现出来以便分析和观察。主要方法有以下几种。

1）光学检出法：对可见光有吸收的组分可借助自然光进行观察；发光的物质或显色后可激发产生荧光的物质可在紫外线灯（365 nm 或 254 nm）下观察荧光斑点；对于在紫外光下有吸收的成分，可用带有荧光剂的薄层板（如硅胶 GF_{254} 板），在紫外线灯（254 nm）下观察荧光板面上的荧光物质猝灭形成的斑点。

2）蒸气显色法：利用某些物质的蒸气与组分作用生成不同颜色或产生荧光的性质，将展开后挥去溶剂的薄层板放入含有某蒸气的容器内进行组分的检出和定位。常用的蒸气有碘，以及挥发性的盐酸、硝酸、浓氨水、二乙胺等。碘对许多化合物都可显色，如生物碱、氨基酸、肽类、脂类、皂苷等，其最大特点是显色反应往往是可逆的，在空气中放置时，碘可升华挥发除去，组分回到原来状态，便于进一步处理。

3）试剂显色法：针对不同的检出物质选择合适的显色剂进行显色定位。试剂显色定位具有斑点轮廓清晰、灵敏度高、专属性强等特点。显色时要注意显色剂的浓度和用量、显色时间和温度等条件的控制。通用型显色剂有碘、硫酸溶液、荧光黄溶液等，专用显色剂是对某个或某一类化合物显色的试剂。例如，三氯化铁的高氯酸溶液可显色吲哚类生物碱；茚三酮则是氨基酸和脂肪族伯胺的专用显色剂；溴甲酚绿可显色羧酸类物质。常用的显色方法有喷雾显色、浸渍显色等。

4）生物自显影：生物自显影包括生物和酶检出法。具有生物活性的物质经薄层分离后与含有相应微生物的琼脂培养基表面接触，在一定温度培养后，有抗菌活性物质斑点处的微生物生长受到抑制，琼脂表面出现抑菌点而得到定位。该法是一种简便、灵敏的生化定位方法，在中药材鉴别、药材中有毒物质的检测、抗菌药物的效价测定等药物分析和研究中得到了多方面的应用，如薄层–乙酰胆碱酯酶法等。

5. 注意事项

（1）活化后的薄层板应储存在干燥器中，以免吸潮而降低活性。

（2）点样量不宜过多，否则容易造成拖尾，影响分离度。

（3）展开缸必须密闭，否则溶剂容易挥发而改变展开剂的比例，影响分离度。

（4）展开剂不宜加过量，注意勿使样品点浸入展开剂中。

（5）如需显色，显色剂喷洒要均匀。

（三）气相色谱法

气相色谱法是以气体为流动相的色谱法，主要用于分离分析易挥发的物质，是一种极为重要的分离分析方法，已广泛地用于医药、石油化工、环境监测、生物化学等领域。在药学领域，气相色谱法已成为药物含量测定和杂质检查、中药挥发油分析、溶剂残留分析、体内药物分析等的重要手段。

1. 原理 气相色谱法可对气体物质或在一定温度下转化为气体的物质进行检测分析，试样中各组分在固定相和流动相之间分配系数不同，当气化后的试样被载气带入色谱柱中运行时，组分就在其中的两相间进行反复多次分配。由于固定相对各组分的吸附或溶解能力不同，经过一定时间的流动后，便彼此分离，按顺序离开色谱柱进入检测器，产生的讯号经放大后，在记录器上可描绘出各组分的色谱峰。

定性分析：在色谱条件一定时，任何一种物质都有确定的保留参数，如保留时间、相对保留值等。因此，在相同的色谱操作条件下，通过比较已知纯物质和未知物的保留参数，即可对未知物进行定性分析。

定量分析：被测组分的峰面积或峰高是色谱法定量的依据，定量方法包括归一化法、外标法、内标法、标准加入法等。

荷兰学者范第姆特（van Deemter）创建的色谱速率理论，其方程式：$H = A + B/u + C \cdot u$。式中，H 为塔板高度；A、B、C 为常数；u 为流动相线速度，即一定时间里流动相在色谱柱中的流动距离，单位为 cm/s。van Deemter 将影响塔板高度的因素归纳成三项，即涡流扩散项 A、纵向扩散项 B/u 和传质阻力项 $C \cdot u$。在填充气相色谱柱中，涡流扩散项 A 与填充物的平均直径和填充不规则因子有关；在空心毛细管中，无涡流扩散，即 $A=0$。纵向扩散项 B/u 与纵向扩散系数 B 成正比，与载气的平均线速度 u 成反比。传质阻力项 $C \cdot u$ 与载气的线速度 u 成正比，在填充柱气相色谱中，气相传质阻力项很小，可以忽略不计。

在具体的实验过程中，载体的粒度、色谱柱填充的均匀程度、载气的种类和流速、固定液的液膜厚度和柱温等因素都会对柱效产生直接的影响，其中许多因素是互相制约的，如增加载气流速时，纵向扩散项变小，但是传质阻力项却增加了；柱温升高有利于减小传质阻力项，但又加剧了纵向扩散项，总的来说，低柱温有利于分离。因此，要提高柱效，必须综合考虑这些因素的影响，并通过实验选择适宜的操作条件。

2. 气相色谱分析条件的选择 影响气相色谱分离的因素很多，但其中最主要的选择条件有以下几项。

（1）色谱柱的选择：色谱柱选择的主要指标是固定液和柱长。对于已知组分的样品，固定液选择的指标是使难分离的物质达到完全分离，一般可以按照相似性原则来选择，即按被分离组分的极性或官能团与固定液相似的原则来选择。增加柱长能提高理论塔板数，有利于提高分离度，但是柱长越长，峰变宽，柱阻力也随之增加，并不利于分离，因此在满足色谱峰分离要求的前提下应尽量选择短柱子。

（2）分离温度：在气相色谱中柱温对分离度的影响很大，是实验操作条件选择的关键。选择的基本原则是在能使样品中组分达到分离要求的前提下，尽可能采用较低的柱温，但应以保留时间适宜，峰不拖尾为宜。在具体实验中可根据样品的沸点来选择柱温：①高沸点样品（300~400℃），柱温可比沸点低100~150℃，即在200~250℃柱温下分析；②沸点小于300℃大于200℃的样品，柱温可以在比平均沸点低50℃至平均沸点的温度范围内选择；③低沸点的样品（100~200℃），柱温可选择在平均沸点2/3左右进行分析；④宽沸程样品（混合物中高沸点组分与低沸点组分的沸点之差称为沸程），需要采用程序升温的方式分离。

（3）载气流速和种类：根据气相色谱速率理论，载气线速度u越小，B/u项越大，而$C \cdot u$项越小。在低流速时，B/u项起主导作用，此时，为减小纵向扩散可选用分子量较大的载气，如氮气。在高流速时，$C \cdot u$项起主导作用，可选用分子量较小的载气，如氢气、氦气，可以减小气相传质阻力，提高柱效。在实际工作中使用的线速度往往稍高于最佳线速度，此时虽使柱效略有降低但影响不大，而分析时间可缩短。

（4）进样气化室温度：气化室温度取决于样品的挥发性、沸点及进样量。为保证样品迅速完全气化，气化室温度一般等于或略高于样品沸点，但也不宜太高，以防样品分解。根据试样的沸点、热稳定性和进样量选择气化温度，一般可等于或高于试样的沸点，以保证试样迅速完全气化。

（5）检测器的选择

1）火焰离子化检测器（FID）：利用有机物在氢火焰的作用下化学电离而形成离子流，借测定的离子流强度进行检测。它几乎对所有的有机物都有响应，多用来测定含碳的有机化合物，但它对无机物、惰性气体或火焰中不解离的物质如H_2O、NH_3、CO、CO_2、CS_2、CCl_4等无响应或响应很小。

2）热导检测器（TCD）：利用被测组分与载气之间热导率的差异来检测组分的浓度变化，是一种结构简单、性能稳定、线性范围宽，对无机、有机物质都有响应的检测器，广泛应用于水、无机化合物，特别是永久性气体的检测。

3）电子捕获检测器（ECD）：利用放射源或非放射源产生大量低能热电子、亲电子的有机物（如多卤化合物）进入检测器，捕获电子而使基流降低产生信号。它对含多卤原子、二硝基、醌类、二酮类和丙酮酸酯类灵敏度较高，广泛应用于痕量有机分析，如环境或生物样品。

4）其他检测器：大多属于专属性检测器或质量选择性检测器，如氮磷检测器（NPD），用于检测含磷含氮化合物；火焰光度检测器（FPD），用于检测含磷和含硫化合物。质谱（MS）作为检测器，大大提高了色谱分析的效率，是结构鉴定最强力的手段。

3. 主要的仪器和设备　气相色谱的简单流程见图3-5-11，载气由高压钢瓶或气体发生器供给，经减压后，进入载气净化管以除去载气中的水分、氧气等杂质，流量计和压力表用于指示载气的柱前流量和压力。载气经过进样器（包括气化室），将试样带进色谱柱。试样中各组分按分配系数大小，依次被载气带出色谱柱，进入检测器。检测器将物质的浓度或质量的变化转变为电信号，经数据处理后，得到色谱图。

虽然气相色谱仪型号繁多、功能各异，但其基本结构是相似的，一般由五部分组成。

（1）气路系统：包括载气和检测器所需气体的气源、气体净化、气体流速控制装置。气体从气瓶或气体发生器经减压阀、净化管、流量控制器和压力调节阀，然后通过色谱柱，由检测器排出。整个系统保持密封，不得有气体泄漏。

（2）进样系统：包括进样器、气化室，另有加热系统，其作用是使样品气化并有效地导入色谱柱。

（3）色谱柱系统：包括色谱柱和柱温箱，是色谱仪的心脏部分，其中色谱柱是分离的关键。

（4）检测和记录系统：包括检测器、放大器、数据处理系统。

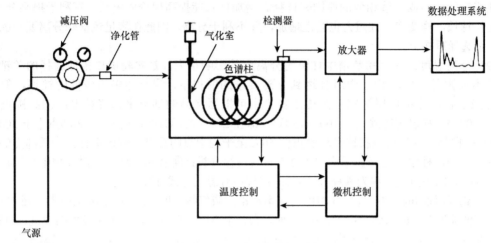

图 3-5-11　气相色谱仪示意图

（5）控制系统：控制整台仪器的运行，包括进样器、柱温箱、检测器的温度控制、进样控制、气体流速控制和各种信号控制等。

4. 操作方法

（1）先检查辅助设备，如气体钢瓶的压力和阀门是否处在正常情况、管路连接是否完好。打开载气和辅助气体的阀门，调节分压表，使气体输出压力达到合适值。

（2）打开主机，仪器开始自检，打开检测器。

（3）打开计算机，点击色谱工作站，通过色谱工作站联机，自检后仪器仍应预热一段时间，当检测器基线稳定后就可以开始测定了。

（4）调用或编制分析方法，色谱分析需要设定的参数较多，分离的样品组分有时也较多，因此必须针对待测样品设定合适的分析方法、保存方法文件，以便调用。

（5）用手动微量注射器或自动进样器进样。

（6）保存色谱图和数据，进行数据处理。

（7）关机：气相色谱在工作时，有比较高的温度，因此关机之前必须先降低系统温度，当温度降低至50℃或规定的温度以下，才可关闭主机和计算机，最后关闭各个气源的阀门。

5. 注意事项

（1）气相色谱需要使用各种气体，如载气、燃气和辅助气体，因此使用时必须注意压力的变化，一旦系统的管路不畅，可造成压力上升，仪器会自行停止工作。

（2）气体管路连接不当，会导致气体泄漏，此时系统的压力同样不正常。管路是否泄漏，应在连接管线时做检查。

（3）当仪器发出报警声时，先检查面板的显示，一般的问题操作界面都会有显示，根据显示的信息解决问题。在操作过程中应随时关注色谱图和各种参数的变化，当发现基线不稳、严重漂移，或者信号超标、消失等情况时，应停止样品测定，检查原因，等仪器恢复正常后再进行测定。

（4）开机时要先通载气后通电，关机时要先断电源后停气。

（四）高效液相色谱法

高效液相色谱法（high performance liquid chromatography，HPLC）是以液体为流动相，采用

高压输送系统、高效固定相及高灵敏度检测器进行复杂样品分离分析的色谱方法，具有分离效率高、选择性好、分析速度快、检测灵敏度高、操作自动化和应用范围广的特点。

与经典液相色谱法相比，高效液相色谱法具有以下优点：①应用颗粒极细（＜10 μm）的固定相，传质阻力项小，柱效和分离效率高；②采用高压输液泵输送流动相，流速快，分析速度快，一般试样的分析仅需数分钟，复杂试样分析在数十分钟内即可完成；③使用高灵敏度检测器，大大提高了灵敏度，紫外检测器最低检测限可达 10^{-9} g，而荧光检测器最低检测限可达 10^{-12} g。

与气相色谱法相比，高效液相色谱法的优点在于：①不受试样的挥发性和热稳定性的限制，应用范围广；②可选用各种不同性质的溶剂作为流动相，分离选择性高；③一般在室温条件下进行分离，不需要高柱温。

高效液相色谱法已广泛应用于药物及其制剂的分析测定，尤其在生物样品、中药等复杂体系的成分分离分析中发挥了极其重要的作用。随着与质谱、磁共振波谱等联用技术的发展，高效液相色谱法的应用越来越广泛。

1. 原理 高效液相色谱法最常见的为化学键合相色谱法（chemically bonded phase chromatography），属于液液分配层析（liquid-liquid partition chromatography）范畴，流动相和固定相（固定液）都是液体。流动相与固定相之间互不相溶（极性不同，避免固定液流失），有一个明显的分界面，当试样进入色谱柱，溶质即在两相间进行分配，各组分按其在两相间分配系数的不同先后流出色谱柱，达到分离之目的。

同气相色谱法类似，速率理论同样适用于高效液相色谱法。荷兰学者 van Deemter 把色谱分配过程与分子扩散和固液两相中的传质过程联系起来，在塔板理论的基础上建立了色谱过程的动力学理论。速率理论把色谱过程看作一个动态非平衡过程，并研究这个过程中的动力学因素对峰展宽（即柱效）的影响。它表明了塔板高度与流动相线速度及影响塔板高度的三项因素之间的关系。

由范第姆特方程中关系可见，当 u 一定时，只有当 A、B、C 较小时，塔板高度才能有较小值，才能获得较高的柱效能；反之，色谱峰展宽，柱效降低。所以 A、B、C 为影响柱效的三项因素。

2. 高效液相色谱条件的选择 进行高效液相色谱分离需要考虑的因素很多，以最常见的反相高效液相色谱（RP–HPLC）为例，主要关注的分离条件有以下几点。

（1）流动相的选择：在反相色谱中，流动相的种类并不多，有机相多使用甲醇和乙腈，水相多使用纯水或在水中添加酸/碱/盐。流动相的组成对分离效率有直接的影响：一方面，应根据待分离组分的极性大小，选择适宜的流动相组成和比例，有机相比例越高，洗脱能力越强，出峰越快；另一方面，当分离的组分极性差异很大时，需要采用梯度洗脱的方式，由于梯度洗脱容易造成部分待测组分在色谱柱上较强的保留，导致基线背景升高，故一般情况下，梯度洗脱时流动相组成的差异变化不宜过大，改变梯度的速度也不宜过快。

（2）色谱柱的选择：反相色谱柱的优点是固定相稳定，C_{18} 色谱柱是分离工作首选的色谱柱，目前 90% 以上的分离都是以 C_{18} 柱为分离柱的反相高效液相色谱中进行。一般 C_{18} 柱的 pH 都在 2～8，流动相的 pH 过高或过低都会对色谱柱造成损害。实验中如果流动相的 pH 较高或者经常使用缓冲溶液，建议选择 pH 范围大的色谱柱，如 pH 为 2～11.5。C_{18} 色谱柱有很多品牌、规格和填料类型，应根据需求选择适宜的色谱柱。如果用于定性和定量分析时，样品中待测物质的浓度低，可以选择柱体积小、填料粒径小的色谱柱，这样分离速度快，分离效果也比较好。

（3）检测器的选择

1）紫外检测器（ultraviolet detector, UVD）：高效液相色谱中应用最广泛的检测器。它灵敏度高、噪声低、线性范围宽、不破坏样品，但只能检测有紫外吸收的物质，包括固定波长（fixed UVD）、可变波长（VWD）和光电二极管阵列检测器（DAD）。固定波长检测器目前已很少用。可变波长检测器能够按需要选择组分的最大吸收波长为检测波长，从而提高灵敏度，但是光源发出的光是通过单色器后照到流通池上的，因此强度相对较弱。光电二极管阵列检测器与可变波长不同的是，光源发出的复合光不经分光直接到达流通池而被吸收和检测，并用电子学方法及计算机技术进行数据采集，目前应用最为广泛。

2）荧光检测器（fluorescence detector，FLD）：荧光检测器的灵敏度比紫外检测器高，且选择性好，但只适用于产生荧光的物质的检测。许多药物和生命活性物质具有天然荧光，能直接检测，如生物胺、维生素和甾体化合物等；通过荧光衍生化可以使本来没有荧光的化合物转变成荧光衍生物，从而扩大了荧光检测器的应用范围，如氨基酸。由于荧光检测器的高灵敏度和高选择性，使它成为体内药物分析常用的检测器之一。

3）蒸发光散射检测器（evaporative light-scattering detector，ELSD）：蒸发光散射检测器是 20世纪 90 年代出现的通用型检测器，主要用于检测糖类、高级脂肪酸、脂类、维生素、氨基酸、三酰甘油及甾体等，它对各种物质有几乎相同的响应，但是其灵敏度比较低，且流动相必须能挥发，不能含有缓冲盐。

3. 主要的仪器和设备　高效液相色谱仪是一类高效分离分析仪器，一般由高压输液系统、进样系统、柱分离系统、检测系统及数据记录处理系统等部分构成。目前高效液相色谱仪的品牌、配置多种多样，但其工作原理和基本结构相似。经典高效液相色谱仪的组成见图 3-5-12。

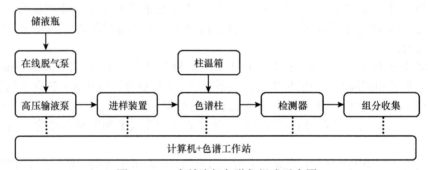

图 3-5-12　高效液相色谱仪组成示意图

（1）高压输液系统通常由高压输液泵、在线脱气泵和梯度洗脱装置等部分组成，其主要作用是为液相系统提供稳定的流动相。

（2）进样系统是连接在高压输液泵和色谱柱之间，将试样送入色谱柱的装置。一般要求进样装置的密封性好，死体积小，重复性好，进样时对色谱系统的压力和流量影响小。常用的进样装置有六通阀手动进样装置和自动进样器。

（3）色谱柱分离系统包括色谱柱、保护柱、柱温箱、柱切换阀等。色谱柱是高效液相色谱仪的核心部件，用于待测组分的分离，按主要用途可以分为分析型和制备型色谱柱。为了保护色谱柱，有些仪器在色谱柱前加了一个保护柱，或称为预柱，预柱的体积比色谱柱小，主要用来除去一些强保留成分、不溶性杂质及颗粒物，以保障色谱柱能正常运行。

（4）检测器是高效液相色谱仪关键部件之一，它的作用是把色谱洗脱液中组分的量（或浓度）转变成电信号。按其适用范围，检测器可分为通用型和专属型两大类，专属型检测器只能测某些组分的某一性质，紫外检测器、荧光检测器属于这一类，它们只对有紫外吸收或荧光发射的组分有响应；通用型检测器检测的是一般物质均具有的性质，蒸发光散射检测器便属于这一类。如果使用质谱作为检测器，则为液相色谱–质谱联用仪（LC–MS）。高效液相色谱的检测器要求灵敏度高、噪声低（即对温度、流量等外界环境变化不敏感）、线性范围宽、重复性好、适用范围广。

（5）色谱仪的运行主要基于一个复杂的操作系统，操作软件称为色谱工作站，主要通过软件实现对仪器的控制及对实验谱图的分析。

4. 操作方法

（1）准备工作：事先准备流动相，流动相要求为色谱级溶剂和纯化水或更高规格的水，必要时过滤。流动相进行脱气，可以超声脱气、通入惰性气体脱气或利用仪器配备的脱气设备进行脱气。将连接管线放入流动相中，出口端连接废液瓶。

（2）开机：按顺序打开主电源、泵、检测器和计算机，先观察管线中液体流动情况，注意是否有漏液，待空气排出后将流动相导入色谱柱。

（3）连接色谱工作站：仪器自检，注意柱压的变化，开机后仪器最好预热一段时间，始终保持流动相为流动状态，观察基线平稳后再开始工作。

（4）设定方法文件：按实验要求设定流动相流速、梯度组成、运行时间及检测条件。

（5）检测：设定进样条件和信息，进样分离，完成后保存数据文件，进行数据处理。

（6）关机：对于反相高效液相色谱，关机前应用纯溶剂（甲醇或乙腈）冲洗系统至基线平稳后再关机，切不可让分离用含有缓冲溶液和无机盐的流动相长时间滞留在色谱柱和泵中，进样阀和定量环也应用纯溶剂清洗干净。按顺序关闭主电源、泵、检测器和计算机。

5. 注意事项

（1）流动相在使用前必须进行脱气处理，有些型号的仪器自带脱气装置，如没有，应自行采用超声或通入惰性气体的方式进行脱气。如果使用的流动相纯度为色谱级，脱气后可以直接使用，否则必须用相应的滤膜进行过滤处理，才能使用。

（2）流动相不应含有任何腐蚀性物质，含有缓冲盐的流动相不能长时间保留在泵内。

（3）输液泵工作压力不应超过泵的最高压力。

（4）色谱柱使用过程中应避免压力和流速的急剧变化和任何机械的剧烈震动。

（5）实验结束后应将色谱柱内充满适宜的溶剂，如反相色谱柱常用含少量水的甲醇或乙腈，拧紧柱头，防止溶剂挥发。

第四章 基础与技能性实验

实验一 缓冲溶液的配制及缓冲作用

一、实验目的

1. 加深理解缓冲溶液的组成及缓冲作用。

2. 熟悉缓冲溶液的配制,并验证其缓冲作用。

3. 掌握 pH 试纸的使用方法,掌握缓冲溶液 pH 的计算方法。

二、实验原理

缓冲溶液(buffer solution)是由弱酸(weak acid)或弱碱(weak alkaline)及其盐组成的混合溶液,它能抵抗外来少量强酸或强碱,以及少量水的稀释作用,而本身 pH 基本保持不变。

缓冲溶液的 pH 或 pOH 可分别由下式计算:

$$pH = pK_a - \lg \frac{c_{酸}}{c_{共轭酸}} \tag{4-1-1}$$

$$pOH = pK_b - \lg \frac{c_{碱}}{c_{共轭酸}} \tag{4-1-2}$$

缓冲溶液 pH(或 pOH)主要取决于弱酸的 pK_a(或弱碱的 pK_b),同时还与酸(或碱)和盐的浓度比有关。

三、仪器和试剂

图 4-1-1 振荡试管的方法

1. 试管 试管实验的方法:振荡盛有液体的试管时,手指应"三握两拳"(图 4-1-1),握持试管中上部,留出试管中下部便于观察试管内部的实验现象。振荡试管时,用手腕力量摆动,手臂不摇,试管底部划弧线运动,使管内溶液发生振荡,不可上下颠,以防液体溅出。

2. pH 试纸 先将试纸剪成小块,放在干燥的表面皿或白色点滴板上,用玻璃棒蘸取待测溶液点在试纸中部(不能将试纸浸泡在待测溶液中,以免造成误差或污染溶液),随即将试纸显示的颜色与标准色阶比较,确定溶液的 pH。

3. 试剂 $0.10 \ mol \cdot L^{-1}$ NaH_2PO_4 溶液、$0.10 \ mol \cdot L^{-1}$ Na_2HPO_4 溶液、$0.20 \ mol \cdot L^{-1}$ HAc 溶液、$0.20 \ mol \cdot L^{-1}$ NaAc 溶液、$0.5 \ mol \cdot L^{-1}$ HCl 溶液、$0.5 \ mol \cdot L^{-1}$ NaOH 溶液、0.5% 酚酞指示剂、0.1% 甲基橙指示剂、0.1% 溴麝香草酚蓝指示剂等。

四、实验内容

1. 缓冲溶液的配制

(1)用刻度吸管分别量取 $0.10 \ mol \cdot L^{-1}$ NaH_2PO_4 溶液和 $0.10 \ mol \cdot L^{-1}$ Na_2HPO_4 溶液各 5.00 mL 于 50 mL 的干燥烧杯中,混匀后用精密 pH 试纸(6.4~8.0)测定溶液的 pH,并与理论值比较。

(2)用 $0.20 \ mol \cdot L^{-1}$ HAc 溶液和 $0.20 \ mol \cdot L^{-1}$ NaAc 溶液配制 pH 为 4.1 的缓冲溶液 5.00 mL,用精密 pH 试纸(3.8~5.4)测定溶液的 pH。计算需精确量取的 HAc 溶液和 NaAc 溶液的体积。

2. 验证缓冲溶液的缓冲作用

（1）抗酸作用：取 3 支试管，编号为 1～3，分别加入上面配制的两种缓冲溶液及蒸馏水各 2 mL，各加入甲基橙指示剂 1 滴，摇匀，记录颜色，并用广范 pH 试纸分别测定溶液的 pH。在 3 支试管中各加入 0.5 mol·L^{-1} HCl 溶液 1 滴，摇匀，记录颜色，并用广范 pH 试纸分别测定溶液的 pH。在盛有缓冲溶液的试管里继续滴加 0.5 mol·L^{-1} HCl 溶液，至溶液颜色与加蒸馏水的试管颜色一致时为止，记录再次加入 HCl 溶液的滴数。解释上述现象并得出结论。

（2）抗碱作用：取 3 支试管，编号为 4～6，分别加入上面配制的两种缓冲溶液及蒸馏水各 2 mL，各加入酚酞指示剂 1 滴，摇匀，记录颜色，并用广范 pH 试纸分别测定溶液的 pH。在 3 支试管中分别加入 0.5 mol·L^{-1} NaOH 溶液各 1 滴，摇匀，记录颜色，并用广范 pH 试纸分别测定溶液的 pH。在盛有缓冲溶液的试管里继续滴加 0.5 mol·L^{-1} NaOH 溶液，至溶液颜色与加蒸馏水的试管颜色一致时为止，记录再次加入 NaOH 溶液的滴数。解释上述现象并得出结论。

（3）抗稀释作用：取 2 支试管，编号为 7～8，分别加入上面配制的 NaH$_2$PO$_4$–Na$_2$HPO$_4$ 缓冲溶液 2 mL 和 1 mL，再向盛有 1 mL 缓冲溶液的试管中加入蒸馏水 1 mL，混匀。各加入溴麝香草酚蓝指示剂 1 滴，比较两支试管中颜色有无差别。解释上述现象并得出结论。

五、思 考 题

1. 决定缓冲溶液 pH 的因素有哪些？

2. 配制溶液时，应如何选择缓冲对？

3. 以 NaH$_2$PO$_4$–Na$_2$HPO$_4$ 缓冲溶液为例说明缓冲作用的原理。

实验二 稀溶液的依数性

一、实 验 目 的

1. 了解冰盐冷冻剂的制冷原理。

2. 学习用凝固点降低法测定物质摩尔质量的原理与方法。

3. 掌握稀溶液依数性的原理。

4. 练习称量、溶解、温度计的使用等基本操作。

二、实 验 原 理

在一定温度下，难挥发非电解质稀溶液的蒸气压下降、沸点升高、凝固点降低及渗透压等性质，与溶质的本性无关，主要取决于溶液中所含溶质微粒数的多少，这类性质统称为稀溶液依数性。

纯溶剂的凝固点（freezing point）是其固、液两相蒸气压相等时的温度。溶液的凝固点低于纯溶剂的凝固点是由于溶液的蒸气压低于纯溶剂的蒸气压。溶液的凝固点降低值与溶液的质量摩尔浓度的关系为

$$\Delta T_f = K_f \cdot m = K_f \cdot \frac{g \times 1000}{G \times M} \tag{4-2-1}$$

式中，ΔT_f 为溶液的凝固点降低值（K 或 ℃）；K_f 为溶剂的凝固点降低常数；m 为溶液的质量摩尔浓度（mol·kg^{-1}）；g 为溶质的质量（g）；G 为溶剂的质量（g）；M 为溶质的摩尔质量（g·mol^{-1}）。

用凝固点降低法测定物质的摩尔质量是一种简单而又比较准确的方法。取一定量（g）溶质溶于一定量（G）溶剂中，通过实验测得此溶液的凝固点下降值 ΔT_f，即可由下式求得溶质的摩尔质量 M：

$$M = K_f \cdot \frac{g \times 1000}{G \times \Delta T_f} \tag{4-2-2}$$

欲测定溶液的凝固点降低值 ΔT_f，须分别测出溶剂和溶液的凝固点。由于过冷现象的缘故，溶液的温度往往下降到凝固点时还不凝固，需继续下降到凝固点以下某一温度时才析出晶体。对于纯溶剂，体系温度首先逐渐降至过冷，当晶体生成时，放出的热量会使体系温度回升，然后温度保持相对恒定，直至全部液体凝结成固体后才会继续下降，此相对恒定的温度即为该溶剂的凝固点，见图 4-2-1（a）。

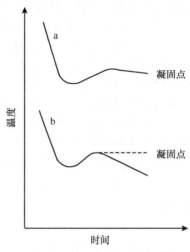

图 4-2-1　冷却曲线示意图

a. 纯溶剂；b. 溶液

对于溶液而言，只要固液两相平衡、体系的温度均匀，理论上各次测得的凝固点应该一样，但实际上却略有差别。因为体系温度可能不均匀，尤其是在过冷程度不同、析出晶体多少不一致时，回升温度也不尽相同。除温度之外，还有溶液浓度的影响。当溶液温度回升后，由于不断析出溶剂晶体，溶液的浓度逐渐增大，溶液的凝固点会逐渐降低。因此溶液温度回升后没有一个相对恒定的阶段，只能把温度回升时的最高值作为凝固点，见图 4-2-1（b）。当温度回升时，由于有少量溶剂晶体析出，溶液浓度已高于起始浓度，但如果过冷程度不严重，析出晶体较少，加之溶剂量较多，可将起始浓度视为凝固点时的溶液浓度，一般不会产生很大的误差。

应注意的是，该法仅适用于难挥发非电解质稀溶液。若溶质在溶液中解离、缔合、溶剂化和配位化合物（简称配合物）生成时，用凝固点降低法测得的摩尔质量为表观摩尔质量。

三、仪器和试剂

1. 仪器　凝固点测定装置、烧杯、试管、普通温度计、1/10 刻度温度计、电子天平、煤气灯、铁架台、石棉网等。

2. 试剂　氯化钠固体、4.00% 葡萄糖溶液等。

四、实 验 内 容

1. 溶液的沸点升高　取 100 mL 烧杯，加入蒸馏水 60 mL，加热至沸，装置见图 4-2-2，用普通温度计测定其沸点（注意：温度计水银球部分要完全进入蒸馏水中）。再向沸水中加入氯化钠 4 g（注意加入氯化钠后温度的变化），继续加热至沸，记录此时溶液的温度，比较二者沸点的差别。

2. 凝固点降低法测定葡萄糖的摩尔质量

（1）葡萄糖溶液的冰点测定：在干净的大试管中加入 4.00% 葡萄糖溶液约 15 mL，按图 4-2-3 安装实验装置，大试管的溶液部分应完全浸在冰盐浴中。上下轻提大试管中的搅拌棒不断搅拌，同时用玻璃棒搅拌冰盐浴。

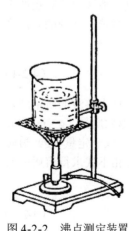

图 4-2-2　沸点测定装置

注意观察温度的变化，测出葡萄糖溶液的冰点（可使用放大镜读数）。将试管取出，用手握住加温，待冰完全融化后，再重复测定两次，要求前后两次测量的误差不超过 0.02 K。三次测定温度的平均值即为葡萄糖溶液的冰点，将数据列于表 4-2-1 中。

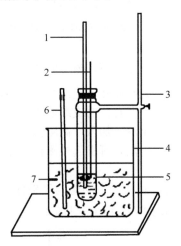

图 4-2-3 凝固点测定装置

1. 温度计；2. 搅拌棒；3. 铁架台；4. 烧杯；5. 测定管；6. 玻璃棒；7. 冰盐浴

（2）同法测定蒸馏水的冰点，把数据列入表 4-2-1 中。

（3）根据实验数据计算葡萄糖的分子量，并与理论值比较，求出相对误差，并分析误差产生的原因。

表 4-2-1 葡萄糖溶液的冰点及葡萄糖的分子量 　　　　室温：____K

实验次数	T_f（葡萄糖）/K		T_f（水）/K		ΔT_f/K	葡萄糖的分子量		
	实验值	平均值	实验值	平均值		实验值	理论值	相对误差/%
1								
2								
3								

五、注意事项

1. 冰盐冷冻剂 当食盐、冰及少量水混合在一起时，因同温度下冰的蒸气压大于饱和食盐水的蒸气压，故冰要融化，融化时会吸收周围热量而使温度下降，故冰盐水可做冷冻剂，温度最低可降至 251 K。

2. 1/10 刻度的温度计可准确读数到 0.1 K，估读到 0.01 K。由于此种温度计较长，使用和放置时均要十分小心，以免碰断。另外水银球处的玻璃壁很薄，不可用力捏或摩擦。若温度计被冰冻住，不能用力拔，而应用手握住试管加温，待冰融化后再取出。

3. 实验时，先测定葡萄糖溶液的冰点，之后彻底洗净大试管、搅拌棒及温度计，再测定蒸馏水的冰点。

六、思考题

1. 用凝固点降低法测定物质的摩尔质量时，为什么溶液太浓或太稀都会使实验结果产生较大误差？

2. 冰盐浴的温度过低对冰点测定有何影响？如何避免待测溶液严重过冷？

实验三 电位滴定法测定溶液的浓度

一、实验目的

1. 掌握电位滴定法的基本原理及电位差综合测试仪的使用方法。
2. 掌握电位滴定的基本技术。

二、实验原理

1. 电位滴定的原理　电位滴定法是根据在滴定过程中,指示电极电位的突然变化来确定滴定终点的分析方法,其最大的特点是可以在有色的或浑浊的溶液中进行。将指示电极和参比电极浸入被测物溶液,组成原电池。随着滴定液的加入,被测物与滴定剂发生反应,电池的电动势不断变化,在接近化学计量点时,少量滴定液就可引起被测物浓度的突变引起电位的突跃,从而可以确定滴定的终点。

以加入的滴定剂体积为横坐标,相应的电动势为纵坐标,绘制 $E\text{-}V$ 滴定曲线图4-3-1,由曲线确定终点,或采用一级微商法 $\Delta E/\Delta V\text{-}\overline{V}$ 作图,见图4-3-2,由最高点的位置可确定终点。

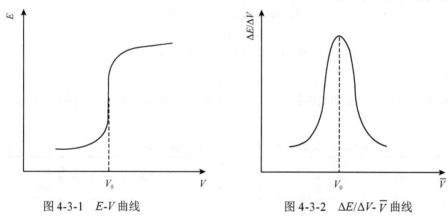

图 4-3-1　$E\text{-}V$ 曲线　　　　　　图 4-3-2　$\Delta E/\Delta V\text{-}\overline{V}$ 曲线

2. 硫酸亚铁的浓度测定　本实验以 $K_2Cr_2O_7$ 滴定 $FeSO_4$ 溶液,其电池组成为

$$Hg \cdot Hg_2Cl_2(s) \mid KCl(饱和) \parallel Fe^{3+}(a_1), \ Fe^{2+}(a_2) \mid Pt$$

其电动势 $E = (\varphi_{Fe^{3+}/Fe^{2+}}^{\ominus} - \varphi_{Hg_2Cl_2/Hg}^{\ominus}) - \dfrac{RT}{F}\ln\dfrac{a_{Fe^{2+}}}{a_{Fe^{3+}} \cdot a_{Cl^-}}$,从式中可以看出,随着 $K_2Cr_2O_7$ 滴定液的滴入,溶液中 Fe^{3+} 浓度将不断升高,电动势 E 值也随之升高,当至化学计量点时,电动势会发生较大的变化,从而可以确定滴定的终点。

三、仪器和试剂

1. 仪器　数字电位差综合测试仪、微量移液器、移液吸管、量筒、烧杯等。

2. 试剂　约 0.016 mol·L^{-1} $K_2Cr_2O_7$ 标准溶液、约 0.020 mol·L^{-1} $FeSO_4$ 待测溶液、3mol·L^{-1} H_2SO_4 溶液等。

四、实验内容

1. 仪器及电池的组合　在磁力搅拌器上放置一只洁净的 100 mL 烧杯,放入搅拌子,取一支饱和甘汞电极和一支铂电极分别固定于烧杯内合适的位置,注意不能与搅拌子相碰。

准确移取 $FeSO_4$ 待测溶液 25.00 mL 于烧杯中,加入 3 mol·L^{-1} H_2SO_4 溶液 2 mL,再加入蒸馏水 40 mL。

2. 电位滴定　用微量移液器向上述烧杯中加入 $K_2Cr_2O_7$ 标准溶液,迅速搅拌后及时测定其电动势并记录。每次加入的体积（mL）如下：1.00、1.00、1.00、1.00、0.40、0.40、0.20、0.20、0.20、0.40、1.00、1.00、1.00、1.00。

3. 数据记录与处理

（1）数据列表：见表 4-3-1。

表 4-3-1 $K_2Cr_2O_7$ 标准液滴定 $FeSO_4$ 待测溶液的体积和电动势

$V_{K_2Cr_2O_7}$/mL	E/mV	ΔE/mV	ΔV/mL	$\Delta E/\Delta V$/(mV/mL)	$\bar{V}$/mL
1.00					
2.00					
3.00					
4.00					
4.40					
4.80					
……					

（2）作图：以 $\Delta E/\Delta V$-$\bar{V}$ 作图，求得滴定终点体积 $V_{K_2Cr_2O_7}$ （mL），计算 $FeSO_4$ 待测溶液的浓度。

五、思 考 题

1. 在滴定分析中，用于确定终点的方法有哪些？各有何优缺点？

2. 在电位滴定过程中，为什么在接近滴定终点时，每次滴加滴定液的量要少些，而过了终点后，滴加的量可多些？

实验四 pH 计法测定弱酸的解离度和解离常数

一、实 验 目 的

1. 掌握用 pH 计法测定 HAc 的解离度及解离常数的方法。

2. 掌握 pH 计的使用方法。

二、实 验 原 理

HAc 是一元弱酸，在溶液中存在以下解离平衡：

$$HAc \rightleftharpoons H^+ + Ac^-$$

其溶液的 pH 为

$$pH = -\lg[H^+] \tag{4-4-1}$$

HAc 溶液的解离度和解离常数的表达式分别为

$$\alpha = \frac{[H^+]}{c_{HAc}} \tag{4-4-2}$$

$$K_{a(HAc)} = \frac{[H^+] \cdot [Ac^-]}{[HAc]} = \frac{[H^+]^2}{[HAc]} \tag{4-4-3}$$

若用 c_a 表示 HAc 的起始浓度，当 $c_a \cdot K_a \geqslant 20K_W$，且 $c_a/K_a \geqslant 500$ 时，

$$K_{a(HAc)} = \frac{[H^+]^2}{c_a} \tag{4-4-4}$$

此时测出已知浓度的 HAc 溶液的 pH,即可计算出 HAc 的解离度和解离常数。

三、仪器和试剂

1. 仪器 pH 计、容量瓶、刻度吸管、烧杯等。

2. 试剂 约 0.1 mol·L^{-1} HAc 标准溶液等。

四、实验内容

1. 配制不同浓度的 HAc 溶液 用刻度吸管分别移取约 0.1 mol·L^{-1} HAc 标准溶液 10.00 mL 和 5.00 mL 于 2 只 50 mL 的容量瓶中,加入蒸馏水稀释至刻度,混匀,计算各自的浓度。

2. 测定 HAc 溶液的 pH 取上述配制的 HAc 溶液及约 0.1 mol·L^{-1} HAc 标准溶液各 30 mL 于 3 个干燥洁净的 50 mL 烧杯中,用 pH 计由稀到浓分别测定它们的 pH,记录室温并将测得的数据填入表 4-4-1 中。

3. 数据记录与处理 由测定值分别计算 HAc 溶液的 [H$^+$]、解离度和解离常数,将实验结果填入表 4-4-1 中。

表 4-4-1 不同浓度 HAc 溶液的解离度和解离常数

编号	c_{HAc}/(mol·L^{-1})	pH 理论值	pH 实测值	[H$^+$]	解离度	解离常数
1						
2						
3						
解离常数的平均值:						

五、思考题

1. 解离常数与解离度是否受酸溶液浓度变化的影响?解离度越大,是否表示溶液中的 [H$^+$] 越大?

2. 如改变温度,HAc 的解离度和解离常数是否会发生变化?

3. 讨论 pH 理论值与 pH 实测值不同的原因。

实验五 酸碱滴定

氢氧化钠标准溶液的配制与标定

一、实验目的

1. 学会配制标准溶液和用基准物质标定标准溶液浓度的方法。

2. 掌握滴定操作和滴定终点的判断。

二、实验原理

NaOH 容易吸收空气中的 CO$_2$,使配得的溶液中含有少量 Na$_2$CO$_3$。用经过标定的含有碳酸盐的碱标准溶液测定酸含量时,若使用与标定时相同的指示剂,则含碳酸盐对测定结果无影响;若使用与标定时不同的指示剂,则将发生一定的误差。因此应配制不含碳酸盐的碱标准溶液。

配制不含 Na$_2$CO$_3$ 的 NaOH 标准溶液的方法很多,最常见的是浓碱法,即用 120∶100 的 NaOH 饱和溶液配制。Na$_2$CO$_3$ 在 NaOH 饱和溶液中难以溶解,待 Na$_2$CO$_3$ 沉淀后,量取一定量上层澄清溶液,再稀释至所需浓度,即可得到不含 Na$_2$CO$_3$ 的 NaOH 溶液。NaOH 饱和溶液含量约为 52%(*w/w*),密度约 1.56 g·cm^{-3}。配制 1000 mL 0.1 mol·L^{-1} NaOH 溶液应取饱和溶液 5.6 mL。用于配制 NaOH 溶液的蒸馏水,应加热煮沸放冷,除去其中的 CO$_2$。

本实验用邻苯二甲酸氢钾（KHC₈H₄O₄）标定 NaOH 标准溶液。NaOH 标准溶液的摩尔浓度按下式计算：

$$c_{NaOH} = \frac{m_{KHC_8H_4O_4}}{V_{NaOH} \times \dfrac{M_{KHC_8H_4O_4}}{1000}} \qquad M_{KHC_8H_4O_4} = 204.21 \qquad (4\text{-}5\text{-}1)$$

三、仪器和试剂

1. 仪器　碱式滴定管（25 mL）、锥形瓶（250 mL）、烧杯（500 mL）、量筒（10 mL、100 mL）、容量瓶（250 mL、500 mL）、电子分析天平等。

2. 试剂　NaOH（AP）、邻苯二甲酸氢钾（基准试剂）、0.1% 酚酞指示剂等。

四、实验内容

1. 0.1 mol·L⁻¹ NaOH 标准溶液的配制（浓碱法）

（1）NaOH 饱和溶液的配制：称取 NaOH 约 120 g，加蒸馏水 100 mL，搅拌使之溶解成饱和溶液。冷却后，置聚乙烯塑料瓶中，静置数日，作储备液。

（2）0.1 mol·L⁻¹ NaOH 标准溶液的配制：量取澄清的 NaOH 饱和溶液 1.4 mL，置于容量瓶中，加新煮沸过的冷蒸馏水至 250 mL，摇匀即得。

2. 0.1 mol·L⁻¹ NaOH 标准溶液的标定　精密称取 3 份在 105～110 ℃ 干燥至恒重的基准物质邻苯二甲酸氢钾，每份约 0.4 g，分别盛放于 250 mL 的锥形瓶中，各加新煮沸过的冷蒸馏水 50 mL，小心摇动，使其溶解。加酚酞指示剂 2 滴，用 0.1 mol·L⁻¹ NaOH 标准溶液滴定，以溶液呈浅粉红色且 30 s 不褪色为终点。记录所消耗的 NaOH 标准溶液的体积。

3. 数据记录及处理　示例见表 4-5-1。

表 4-5-1　数据记录及处理示例

	1	2	3
（基准物质 + 称量瓶）初重/g	25.481 7	25.090 8	24.685 4
（基准物质 + 称量瓶）末重/g	25.090 7	24.685 4	24.286 6
邻苯二甲酸氢钾重/g	0.391 0	0.405 4	0.398 8
NaOH 标准溶液体积终读数/mL	19.74	20.38	20.12
NaOH 标准溶液体积初读数/mL	0.08	0.00	0.00
V_{NaOH}/mL	19.66	20.38	20.12
c_{NaOH}/(mol·L⁻¹)	0.097 40	0.097 41	0.097 07
$c_{NaOH,\ 平均}$/(mol·L⁻¹)		0.097 29	
变异系数（CV）/%		0.20	

五、注意事项

1. 减量法称量邻苯二甲酸氢钾，如试样超过称量范围或洒落在锥形瓶外，需重新称重。

2. 邻苯二甲酸氢钾溶解慢，应注意避免残留在锥形瓶内壁或未完全溶解。

3. 滴定开始时，指示剂颜色会很快消失，滴定速度可稍快；当滴定近终点时，指示剂颜色消失较慢，应逐滴滴定。当粉红色溶液在 30 s 内不褪色即可认为达到滴定终点。

六、思　考　题

1. NaOH 标准溶液为什么要用浓碱法配制而不用直接法配制？

2. 配制 NaOH 标准溶液和溶解邻苯二甲酸氢钾时，为什么要求用新煮沸过的冷蒸馏水？

3. 滴定管内气泡未除尽，对滴定结果有何影响？

4. 滴定中使用的锥形瓶是否要用标准溶液润洗？

硫酸标准溶液的配制与标定

一、实 验 目 的

1. 掌握 0.05 mol·L^{-1} H$_2$SO$_4$ 标准溶液的配制和比较标定的原理与操作。

2. 掌握酸碱滴定时甲基橙作指示剂确定滴定终点的方法。

二、实 验 原 理

准确吸取一定量的待标定溶液（一般采用移液吸管或滴定管），用已知准确浓度的标准溶液滴定，根据两种溶液所消耗的体积及标准溶液的浓度，可计算出待标定溶液的准确浓度。这种用标准溶液来测定待标定溶液浓度的操作过程称为"比较标定法"。

三、仪器和试剂

1. 仪器 酸式滴定管（25 mL）、碱式滴定管（25 mL）、锥形瓶（250 mL）、烧杯（500 mL）、量筒（10 mL、100 mL）、容量瓶（250 mL、500 mL）等。

2. 试剂 5 mol·L^{-1} H$_2$SO$_4$ 溶液、约 0.1 mol·L^{-1} NaOH 标准溶液、甲基橙指示剂等。

四、实 验 内 容

1. 0.05 mol·L^{-1} H$_2$SO$_4$ 标准溶液的配制 取 250 mL 的容量瓶，加入蒸馏水适量，在搅拌下用量筒缓慢加入 5 mol·L^{-1} H$_2$SO$_4$ 溶液 2.5 mL，振摇混合，再加入蒸馏水使成 250 mL，混匀，贴上标签。

2. 0.05 mol·L^{-1} H$_2$SO$_4$ 标准溶液的标定 从酸式滴定管中放出 0.05 mol·L^{-1} H$_2$SO$_4$ 标准溶液约 20 mL 于 250 mL 锥形瓶中，加甲基橙指示剂 1 滴。用 0.1 mol·L^{-1} NaOH 标准溶液滴定至溶液的颜色由红色变成黄色，即达终点，记录所消耗的 NaOH 标准溶液的体积。平行标定 3 次。计算 H$_2$SO$_4$ 标准溶液的浓度和变异系数。

五、注 意 事 项

1. 配制 H$_2$SO$_4$ 溶液时，要先加水再在搅拌下缓慢加入 H$_2$SO$_4$，防止 H$_2$SO$_4$ 溅出。

2. 甲基橙作指示剂变色是一个渐进过程，由红变橙再变黄，须注意观察。

3. 滴定结束后滴定管尖嘴外不应留有液滴，可用蒸馏水将其冲入锥形瓶中。

六、思 考 题

本实验能否从碱式滴定管中放出 NaOH 标准溶液，然后用 0.05 mol·L^{-1} H$_2$SO$_4$ 标准溶液滴定，这样会带来误差吗？

实验六 药用碳酸氢钠的含量测定

一、实 验 目 的

1. 掌握 NaHCO$_3$ 含量测定的原理和操作。

2. 掌握用溴甲酚绿–甲基红混合指示剂滴定终点的判断。

二、实 验 原 理

$$2NaHCO_3 + H_2SO_4 \longrightarrow Na_2SO_4 + 2H_2CO_3$$

$$\xrightarrow{\triangle} Na_2SO_4 + 2H_2O + 2CO_2\uparrow$$

$$NaHCO_3含量 = \frac{c_{H_2SO_4} \times V_{H_2SO_4} \times 2 \times M_{NaHCO_3}}{1000 \times m_{NaHCO_3}} \times 100\% \tag{4-6-1}$$

$$M_{NaHCO_3} = 84.01$$

三、仪器和试剂

1. 仪器 电子分析天平、酸式滴定管（25 mL）、锥形瓶（250 mL）、烧杯（500 mL）、量筒（100 mL）、煤气灯等。

2. 试剂 $NaHCO_3$、$0.05mol \cdot L^{-1}$ H_2SO_4 标准溶液、溴甲酚绿–甲基红混合指示剂等。

四、实验内容

精密称取 $NaHCO_3$ 0.18g，加入蒸馏水 50mL，振摇使其溶解后，加溴甲酚绿–甲基红混合指示剂 10 滴。用 $0.05mol \cdot L^{-1}$ H_2SO_4 标准溶液滴定至溶液由绿色变为紫红色时，煮沸 2 min（除 CO_2），放冷，继续滴定，以溶液由绿色变为酒红色为终点。平行测定 3 次。计算 $NaHCO_3$ 的含量和变异系数。

五、注意事项

1. $NaHCO_3$ 易吸水，称量要快。

2. 混合指示剂判定终点：溶液颜色由绿色变为棕红色时停止滴定，煮沸 2 min 后，溶液变回绿色，放冷再继续滴定，溶液由绿色变为酒红色，即可认为已达终点。

3. 溶液煮沸过程中注意调节好酸式滴定管旋塞，以免 $0.05 mol \cdot L^{-1}$ H_2SO_4 溶液漏出。

六、思 考 题

1. 为什么在滴定终点时，要加热煮沸除去 CO_2？

2. 本实验能否不用混合指示剂，而改用甲基橙指示终点？结果如何？

实验七 沉淀滴定——硝酸银标准溶液的配制与标定

一、实验目的

1. 掌握 $AgNO_3$ 标准溶液的配制和标定方法。

2. 熟悉吸附指示剂的变色原理。

3. 掌握荧光黄指示剂的使用方法和滴定终点的判断。

二、实验原理

$AgNO_3$ 标准溶液常用分析纯的 $AgNO_3$ 按间接法配制，然后用基准物质标定其浓度。标定 $AgNO_3$ 标准溶液一般用 $NaCl$ 为基准物质，其标定反应为

$$Ag^+ + Cl^- \rightleftharpoons AgCl\downarrow（白色）$$

本实验采用吸附指示剂法确定终点。由于颜色变化发生在 $AgCl$ 沉淀表面上，所以，$AgCl$ 沉淀的表面积越大，到达滴定终点时，颜色的变化就越明显。要使 $AgCl$ 保持较强的吸附能力，应使沉淀保持胶体状态。为此，可将溶液适当稀释，并加入糊精溶液以保护胶体，使终点颜色变化明显。

用荧光黄（以 HFl 表示）为指示剂标定 $AgNO_3$ 溶液时，荧光黄在溶液中离解成 H^+ 和荧光黄负离子 Fl^-。在化学计量点前，溶液中存在过量的 Cl^-，此时 $AgCl$ 吸附 Cl^-，使 $AgCl$ 沉淀颗粒表面带负电荷（$AgCl \cdot Cl^-$），游离的荧光黄负离子显黄绿色。当滴定至终点时，溶液中 Ag^+ 稍过量，$AgCl$ 沉淀颗粒吸附 Ag^+ 而带正电荷（$AgCl \cdot Ag^+$），从而吸附荧光黄负离子，使指示剂结构改变，由黄绿色转变为微红色，其变化过程如下：

指示剂在溶液中电离：$HFl \rightleftharpoons H^+ + Fl^-$（黄绿色）

终点前：Cl^- 过量，沉淀带负电荷吸附正离子，溶液显黄绿色。

终点时：Ag^+ 过量，沉淀带正电荷吸附负离子，溶液显微红色。

可表示为

$$\underset{\text{终点前}}{(AgCl)Cl^- + Fl^-} \xrightarrow{AgNO_3} \underset{\text{终点时}}{(AgCl)Ag^+Fl^-}$$
$$\text{(黄绿色)} \qquad\qquad \text{(微红色)}$$

三、仪器和试剂

1. 仪器 电子分析天平、酸式滴定管（25 mL）、量筒（100 mL）、锥形瓶（250 mL）、烧杯、棕色容量瓶等。

2. 试剂 $AgNO_3$（AP）、NaCl（基准试剂）、2% 糊精溶液、0.1% 荧光黄指示剂等。

四、实验内容

1. 0.1 mol·L^{-1} AgNO$_3$ 标准溶液的配制 取 $AgNO_3$ 17.5 g 置 250 mL 烧杯中，加蒸馏水 100 mL 使溶解，然后移入棕色容量瓶中，加蒸馏水稀释至 1000 mL，充分摇匀，密塞，避光保存。

2. AgNO$_3$ 标准溶液的标定 取在 270℃干燥至恒重的基准物质 NaCl 约 0.13 g，精密称定，置于 250 mL 锥形瓶中，加蒸馏水 50 mL 使溶解，再加 2% 糊精溶液 2 mL 及荧光黄指示剂 8 滴，用 $AgNO_3$ 标准溶液滴定至浑浊液由黄绿色转变至微红色，即为终点。

$AgNO_3$ 标准溶液浓度的计算：

$$c_{AgNO_3} = \frac{m_{NaCl}}{V_{AgNO_3} \times \dfrac{M_{NaCl}}{1000}} \qquad M_{NaCl} = 58.49 \tag{4-7-1}$$

五、注意事项

1. 配制 $AgNO_3$ 标准溶液的蒸馏水应不含 Cl^-，否则配成的 $AgNO_3$ 标准溶液可出现白色浑浊，不能使用。

2. 光照可使 AgCl 分解使沉淀颜色变深，影响终点观察，因此滴定时应避免强光照射。光照也可加速 $AgNO_3$ 的分解，故盛装 $AgNO_3$ 标准溶液的容量瓶和滴定管最好都用棕色的。

六、思 考 题

1. 用荧光黄为指示剂，标定 $AgNO_3$ 标准溶液时，为什么要加糊精溶液？

2. 按指示终点方法的不同，$AgNO_3$ 标准溶液的标定有几种方法？各种方法在什么条件下进行？

实验八 配位滴定——氯化钙注射液的含量测定

一、实验目的

1. 掌握氯化钙注射液含量测定的原理。

2. 掌握配位滴定中辅助指示剂的原理。

二、实验原理

配位滴定中常用的指示剂为铬黑 T，但 Ca^{2+} 与铬黑 T 在 pH=10 时形成的 CaIn$^-$ 不够稳定，会使终点过早出现，而 Mg^{2+} 与铬黑 T 形成的 MgIn$^-$ 相当稳定。利用 CaY^{2-} 比 MgY^{2-} 更稳定的性质，加入少量 MgY^{2-} 作辅助指示剂，当 Ca^{2+} 试液中加入铬黑 T 与 MgY^{2-} 的混合液后，发生置换反应，见下式：

$$Ca^{2+} + MgY^{2-} \rightleftharpoons CaY^{2-} + Mg^{2+}$$

$$Mg^{2+} + HIn^{2-} \rightleftharpoons MgIn^- + H^+$$

滴定过程中，EDTA 先与游离 Ca^{2+} 配位，因此，在终点前溶液显 MgIn$^-$ 的酒红色。最后，

EDTA 从 MgIn⁻ 中置换出铬黑 T，使溶液由酒红色变为纯蓝色，见下式：

$$MgIn^- + H_2Y^{2+} \Longleftrightarrow MgY^{2-} + HIn^- + H^+$$
$$（酒红色） \qquad\qquad （纯蓝色）$$

滴定过程中，MgY²⁻ 并未消耗 EDTA，而是起了辅助铬黑 T 指示终点的作用。

三、仪器和试剂

1. 仪器　酸式滴定管（25 mL）、锥形瓶（250 mL）、移液管（5 mL）、量筒（10 mL）等。

2. 试剂　3%氯化钙注射液、NH₃–NH₄Cl 缓冲溶液、硫酸镁试液、0.05 mol·L⁻¹ EDTA 标准溶液、铬黑 T 指示剂等。

四、实 验 内 容

精密量取 3% 氯化钙注射液 5 mL 置锥形瓶中，加蒸馏水 10 mL。另取一只锥形瓶加入蒸馏水 10 mL，加 NH₃–NH₄Cl 缓冲溶液 10 mL，硫酸镁试液 1 滴与铬黑 T 指示剂少许，用 0.05 mol·L⁻¹ EDTA 标准溶液滴定至溶液刚显纯蓝色，然后将混合液倒入上述盛有氯化钙注射液的锥形瓶中，用 0.05 mol·L⁻¹ EDTA 标准液滴定至溶液由酒红色转变为纯蓝色即为终点。按下式计算含量：

$$\rho_{CaCl_2 \cdot 2H_2O}\,(g/100\ mL) = c_{EDTA} \times V_{EDTA} \times M_{CaCl_2 \cdot 2H_2O} \times \frac{100}{5} \quad M_{CaCl_2 \cdot 2H_2O} = 147.03 \tag{4-8-1}$$

注：氯化钙注射液质量百分数按其结晶水合物计算。

五、注 意 事 项

1. Ca²⁺ 与铬黑 T 的配位化合物（简称配合物）稳定性很差，直接滴定时终点（变色）提前出现且不敏锐，难以得到准确结果，但如果在滴定中预先加入少量的 MgY²⁻ 配合物，则由于 CaY²⁻ 配合物比 MgY²⁻ 配合物稳定，故 Ca²⁺ 置换出其中的 Mg²⁺，后者与铬黑 T 可形成较稳定的配合物，终点（变色）与 Mg²⁺ 的直接滴定一样灵敏准确。

2. EDTA 标准溶液的体积，以加入 MgY²⁻ 后，滴定所消耗的体积为准。

六、思 考 题

1. 为什么 Ca²⁺ 溶液中不能直接加入铬黑 T 指示剂，用 EDTA 标准液来滴定？

2. 制备 MgY²⁻ 溶液时，要求滴定至溶液刚显纯蓝色，若滴过量或量不足，对测定结果是否有影响？

实验九　氧化还原滴定

硫代硫酸钠标准溶液的配制与标定

一、实 验 目 的

1. 掌握 Na₂S₂O₃ 标准溶液的配制方法和注意事项。

2. 学习使用碘量瓶和正确判断淀粉指示剂指示终点。

3. 了解置换碘量法的过程、原理，掌握用基准物质 K₂Cr₂O₇ 标定 Na₂S₂O₃ 溶液浓度的方法。

二、实 验 原 理

Na₂S₂O₃ 标准溶液通常用 Na₂S₂O₃·5H₂O 配制，由于 Na₂S₂O₃ 遇酸即迅速分解产生 S，配制时若水中含 CO₂ 较多，则 pH 偏低，容易使配制的 Na₂S₂O₃ 标准溶液变浑浊。水中若有微生物也能够慢慢分解 Na₂S₂O₃。因此，配制 Na₂S₂O₃ 标准溶液通常用新煮沸放冷的蒸馏水，并先在水中加入少量 Na₂CO₃，然后再把 Na₂S₂O₃ 溶于其中。

本实验采用基准物质 K₂Cr₂O₇ 标定 Na₂S₂O₃ 标准溶液。标定时用置换滴定法，使 K₂Cr₂O₇ 先与过量 KI 作用，再用欲标定浓度的 $Na_2S_2O_3$ 标准溶液滴定析出的 I_2。第一步反应见下式：

$$Cr_2O_7^{2-} + 14H^+ + 6I^- \rightleftharpoons 2Cr^{3+} + 3I_2 + 7H_2O$$

在酸度较低时此反应进行得较慢，若酸度太高又存在使 KI 被空气中的氧气氧化成 I_2 的危险。因此必须注意酸度的控制，并避光放置 10 min，此反应才能定量完成。第二步反应见下式：

$$2S_2O_3^{2-} + I_2 \rightleftharpoons S_4O_6^{2-} + 2I^-$$

第一步反应析出的 I_2 用 $Na_2S_2O_3$ 标准溶液滴定，以淀粉溶液作指示剂。淀粉溶液在有 I^- 存在时能与 I_2 分子形成蓝色可溶性吸附化合物，使溶液呈蓝色。达到终点时，溶液中的 I_2 全部与 $Na_2S_2O_3$ 作用，则蓝色消失。由于滴定开始时溶液中 I_2 的浓度较高，可被淀粉大量吸附，不利于反应进行，并且也难以观察终点，因此必须在滴定至近终点时方可加入淀粉溶液。

$Na_2S_2O_3$ 与 I_2 的反应只能在近中性或弱酸性溶液中进行，因为在碱性溶液中会发生副反应，见下式：

$$S_2O_3^{2-} + 4I_2 + 10OH^- \rightleftharpoons 2SO_4^{2-} + 8I^- + 5H_2O$$

而在酸性溶液中 $Na_2S_2O_3$ 又易分解，见下式：

$$S_2O_3^{2-} + 2H^+ \rightleftharpoons S\downarrow + SO_2\uparrow + H_2O$$

所以进行滴定前溶液应稀释，一为降低酸度，二为使终点时溶液中的 Cr^{3+} 的绿色不致太深，影响终点观察。另外 KI 浓度不可过大，否则 I_2 与淀粉所显颜色偏红紫，也不利于观察终点。

从滴定反应可知，$K_2Cr_2O_7$ 和 $Na_2S_2O_3$ 的计量关系：1 mol $K_2Cr_2O_7$ 生成 3 mol I_2，需 6 mol $Na_2S_2O_3$ 定量反应，即为 1：6。

三、仪器和试剂

1. 仪器 酸式滴定管（25 mL）、烧杯（100 mL）、容量瓶（250 mL）、碘量瓶（500 mL）、移液管（20 mL）、量筒（10 mL、100 mL）等。

2. 试剂 $Na_2S_2O_3 \cdot 5H_2O$（AP）、Na_2CO_3（AP）、$K_2Cr_2O_7$（基准试剂）、KI（AP）、2 mol·L^{-1} HCl 溶液、淀粉指示剂（1% 水溶液）等。

四、实验内容

1. $Na_2S_2O_3$ 标准溶液的配制 在 250 mL 含有 0.05 g Na_2CO_3 的新煮沸放冷的蒸馏水中加入 $Na_2S_2O_3 \cdot 5H_2O$ 6.5 g，使完全溶解，放置两周后再标定。

2. $Na_2S_2O_3$ 溶液的标定

（1）精密称取在 110℃ 干燥至恒重的基准物质 $K_2Cr_2O_7$ 约 0.1 g 于 500 mL 碘量瓶中，加蒸馏水 20～30 mL 使之溶解，再加入 KI 2 g（稍过量）、2 mol·L^{-1} HCl 溶液 15 mL，密塞，摇匀，水封，在暗处放置 10 min。

（2）加蒸馏水 250 mL 稀释，用 $Na_2S_2O_3$ 标准溶液滴定至近终点（淡黄绿色），加淀粉指示剂 2 mL，继续滴定至蓝色消失而显亮绿色，即达终点。

（3）平行标定 3 次，变异系数不能超过 0.2%。

为防止反应产物 I_2 的挥发损失，平行试验的 KI 不要在同时间加入 3 份溶液中，应做一份加一份。

（4）结果计算见下式：

$$c_{Na_2S_2O_3} = \frac{6 \times m_{K_2Cr_2O_7}}{V_{Na_2S_2O_3} \times M_{K_2Cr_2O_7}} \tag{4-9-1}$$

五、注意事项

1. $K_2Cr_2O_7$ 与 KI 反应进行得较慢,在稀溶液中尤其缓慢,故在加蒸馏水稀释前,应放置 10 min,使反应完全。

2. 滴定前,溶液要加蒸馏水稀释。

3. 酸度影响滴定,H^+ 浓度应保持在 0.2 ～0.4 mol·L^{-1} 内。

4. KI 要过量,但浓度不能超过 2%～4%。因为 I^- 的浓度太高时,淀粉指示剂的颜色转变不灵敏。

5. 准确判断回蓝现象:终点后,如果不是很快变蓝,可认为是空气中氧的氧化作用造成的,不影响结果;如果很快变蓝,说明 $K_2Cr_2O_7$ 与 KI 反应不完全,应考虑重做。

6. 近终点时,即当溶液的颜色呈绿中带点棕色时,才可加入淀粉指示剂。

7. 滴定开始时要用慢摇快滴的方法,但近终点时,要慢滴,并用力振摇,以防止吸附。

六、思 考 题

1. $Na_2S_2O_3$ 标准溶液为什么要提前两周配制?为什么用新煮沸放冷的蒸馏水?为什么要加入少量 Na_2CO_3?

2. 标定 $Na_2S_2O_3$ 标准溶液时为什么要在一定的酸度范围内?酸度过高或过低有何影响?为什么滴定前要先放置 10 min?为什么先加 100 mL 蒸馏水稀释再滴定?

3. 如何防止 I_2 的挥发和空气中的氧氧化 I^-?

4. 为什么用 I_2 溶液滴定 As_2O_3 或 $Na_2S_2O_3$ 溶液时可预先加入淀粉指示剂,而用 $Na_2S_2O_3$ 滴定 I_2 时必须至近终点时才可加入淀粉指示剂?过早加入会出现什么现象?

碘标准溶液的配制与标定

一、实 验 目 的

1. 掌握碘标准溶液的配制和标定方法。
2. 了解直接碘量法的操作过程。

二、实 验 原 理

用升华法制得的纯 I_2,可以直接用于配制标准溶液。由于 I_2 极易升华,在室温时的升华压为 41.33 Pa,称量时易引起损失;另外,I_2 蒸气对天平零件有一定的腐蚀作用。故 I_2 标准溶液多采用间接法配制。I_2 在纯水中的溶解度很小,通常都是利用 I_2 与 I^- 生成 I_3^- 加合物(I_3^- 属路易斯碱加合物)的反应,配制成存在过量 KI 的 I_2 溶液,I_3^- 的形成增大了 I_2 的溶解度也减少了 I_2 的挥发损失。

由于光照和受热都能促使溶液中 I^- 的氧化,所以,配好的含有 KI 的 I_2 标准溶液放在棕色瓶中,置于暗处保存。

通常用 $Na_2S_2O_3$ 标准溶液直接标定 I_2 标准溶液,见方程式

$$2S_2O_3^{2-}+I_2 \Longleftrightarrow S_4O_6^{2-}+2I^-$$

用淀粉作指示剂,以溶液呈蓝色为终点。

三、仪 器 和 试 剂

1. 仪器 酸式滴定管(25 mL)、锥形瓶(250 mL)、量筒(100 mL、500 mL)、棕色容量瓶(250 mL)、烧杯(50 mL)等。

2. 试剂 I_2(AP)、KI(AP)、浓盐酸、淀粉指示剂(1% 水溶液)、约 0.1 mol·L^{-1} $Na_2S_2O_3$ 标准溶液等。

四、实 验 内 容

1. 0.05 mol·L^{-1} I_2 标准溶液的配制 取 KI 固体 9.0 g 置于 50 mL 烧杯中,加入蒸馏水 7.5 mL,

使成 KI 溶液，再加入 I_2 3.25 g，搅拌使完全溶解后倒入 250 mL 棕色容量瓶中，加浓盐酸 3 滴及蒸馏水至 250 mL，摇匀并放置过夜，以备标定。

2. I_2 标准溶液的标定　准确量取 $Na_2S_2O_3$ 标准溶液 20.00 mL 于锥形瓶中，加入淀粉指示剂 2 mL，摇匀，用 I_2 标准溶液滴定，以溶液呈蓝色为终点。

按下式计算 I_2 标准溶液的浓度：

$$c_{I_2} = \frac{c_{Na_2S_2O_3} \cdot V_{Na_2S_2O_3}}{2V_{I_2}}$$ (4-9-2)

标定操作平行重复 3 次，变异系数不超过 0.2%。

五、注　意　事　项

1. 配制 I_2 标准溶液时加入浓盐酸的目的有二：一是为了把 KI 试剂中可能含有的 KIO_3 杂质在标定前还原成 I_2，以免影响以后的测定；二是因为在配制 $Na_2S_2O_3$ 标准溶液时加入了少量的 Na_2CO_3，在 I_2 标准溶液中加入浓盐酸，可保证滴定反应不致在碱性环境中进行。

$$IO_3^- + 5I^- + 6H^+ \Longrightarrow 3I_2 + 3H_2O$$

2. I_2 标准溶液对橡胶有腐蚀作用，必须放在酸式滴定管中滴定。

3. I_2 在稀 KI 溶液中的溶解速度缓慢，故通常将其溶于浓 KI 溶液中，待完全溶解后再稀释。

六、思　考　题

1. 配制 I_2 标准溶液时为什么加 KI？将称得的 I_2 和 KI 一起加水到一定体积是否可以？

2. I_2 标准溶液为深棕色，装入滴定管中弯月面看不清楚，应如何读数？

3. 配制 I_2 标准溶液时，为什么要加入浓盐酸？

实验十　电导法测定弱酸解离常数和溶液浓度

一、实　验　目　的

1. 熟悉电导率仪的测定原理和使用方法。

2. 掌握电导法测定弱酸解离常数的原理和方法。

3. 掌握弱酸解离平衡的基本概念。

二、实　验　原　理

1. 电导法测定 HAc 解离常数　电解质溶液的导电能力大小，可以用电导（conductance）来表示。电导是电阻（R）的倒数，以 L 表示。电导的单位为 S（siemens，西门子）或 Ω^{-1}（欧姆$^{-1}$）。如果将电解质溶液放入两个相对距离为 1 m，面积为 1 m^2 的平行电极间，此时溶液的电导称为电导率（electric conductivity），以 κ 表示，单位为 $S \cdot m^{-1}$。则有

$$\kappa = \frac{1}{\rho} = \frac{1}{R} \cdot \frac{l}{A} = L \cdot \frac{l}{A}$$ (4-10-1)

式中，ρ 为电阻率；l 为电极间距离；A 为电极的面积；l/A 称为电导池常数，可以通过测定已知电导率溶液（通常用 KCl 溶液）的电导来求得。

电解质溶液的电导，不仅与电解质的种类和溶液的温度有关，还与电解质的浓度有关。为了便于比较不同电解质溶液的导电能力，引入了摩尔电导率的概念，即相距为 1 m 的两平行电极间放置含有 1 mol 电解质的溶液所具有的的电导，用 Λ_m 表示，单位是 $S \cdot m^2 \cdot mol \cdot L^{-1}$。摩尔电导率 Λ_m 与电导率 κ 及溶液的浓度间符合下面的关系式。注意浓度的单位为 $mol \cdot m^{-3}$。

$$\Lambda_m = \frac{\kappa}{c}$$ (4-10-2)

强电解质溶液的 Λ_m 随溶液浓度的降低而增大，并在浓度极稀时，符合科尔劳施（Kohlrausch）经验公式：

$$\Lambda_m = \Lambda_m^{\infty}(1 - \beta\sqrt{c}) \tag{4-10-3}$$

式中，Λ_m^{∞} 是电解质溶液在无限稀释时的摩尔电导率，称为无限稀释摩尔电导率，可以用直线外推法求得；β 为经验常数，与电解质、溶剂的性质及温度有关。

对弱电解质而言，Λ_m 与 c 之间不存在线性关系，无法用外推法求得 Λ_m^{∞}，但是，可以根据科尔劳施离子独立迁移定律，由组成溶液的正、负离子的无限稀释摩尔电导率之和求得

$$\Lambda_m^{\infty} = \lambda_{m,+}^{\infty} + \lambda_{m,-}^{\infty} \tag{4-10-4}$$

一定浓度的弱电解质溶液中，参与导电的离子较少；当无限稀释时，电解质全部解离，所有离子都参与导电。在这两种情况下，离子间的相互影响都可以忽略不计。因此，无限稀释摩尔电导率 Λ_m^{∞} 和某一浓度下的摩尔电导率 Λ_m 之差可认为是由全部解离和部分解离产生的离子数目不同而引起的，即弱电解质的解离度 α 可表示为

$$\alpha = \frac{\Lambda_m}{\Lambda_m^{\infty}} \tag{4-10-5}$$

由 α 可进一步求得解离常数 K_a。

以 1–1 型弱电解质 HAc 为例，在溶液中存在以下解离平衡：

$$HAc \Longrightarrow H^+ + Ac^-$$

起始时：	c	0	0
平衡时：	$c(1-\alpha)$	$c\alpha$	$c\alpha$

$$K_a = \frac{c\alpha^2}{1-\alpha} \tag{4-10-6}$$

将式（4-10-5）代入，得

$$K_a = \frac{c\Lambda_m^2}{\Lambda_m^{\infty}(\Lambda_m^{\infty} - \Lambda_m)} \tag{4-10-7}$$

因此，只要测得不同浓度的 HAc 溶液的电导率 κ，由式（4-10-2）算出 Λ_m，将 Λ_m 的值代入式（4-10-7），即可算出 K_a。

2. 电导法测定 NaCl 溶液的浓度 在溶液体积基本不变的前提下，向一种电解质溶液中加入另一种电解质溶液时，离子间的反应将影响溶液的电导。如果没有反应发生，如将一种简单的盐加入到另一种盐中（如将 KCl 加入 NaNO$_3$ 中），电导将增加。如果有反应发生，电导可能增加也可能减少，因此将一种碱加入强酸中时，由于电导率高的 H$^+$ 被电导率低的阳离子替代，电导将减少。这就是电导滴定的原理，即一种电导率的离子被另一种电导率的离子替代。

以一种试剂 C$^+$D$^-$ 加入强电解质 A$^+$B$^-$ 中，溶液的电导变化为例。假设 A$^+$（待测离子）与 D$^-$ 发生反应，如果产物 AD 相对难溶或微溶，反应可表示如下：

$$A^+B^- + C^+D^- \Longrightarrow AD + C^+B^-$$

因此，在 A$^+$ 与 D$^-$ 的反应中，A$^+$ 被 C$^+$ 替代。随着滴定的进行，溶液的电导增加或减少，取决于 C$^+$ 的电导率大于或小于 A$^+$ 的电导率。

在酸碱滴定、沉淀滴定等过程中，一般来说，电导的变化是可以预期的，因此电导法可以用来测定反应的终点。每加入一定体积的试剂后，测定溶液的电导，根据得到的数据点作图，理论上是两条交叉的直线，交叉点即为滴定终点（图 4-10-1）。

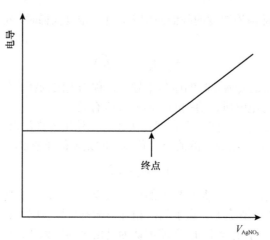

图 4-10-1　沉淀反应的电导滴定曲线

三、仪器和试剂

1.仪器　电导率仪、移液吸管（25 mL）、刻度吸管（10 mL）、容量瓶（50.00 mL）、烧杯（100 mL）、磁力搅拌器、微量移液器（1 mL）等。

2.试剂　约 0.1 mol·L^{-1} HAc 标准溶液、约 0.1 mol·L^{-1} AgNO$_3$ 标准溶液、NaCl 溶液（待测）等。

四、实验内容

1. 电导法测定 HAc 解离常数

（1）用移液吸管和刻度吸管分别移取 HAc 标准溶液 25.00 mL、10.00 mL、5.00 mL 于 3 个 50.00 mL 容量瓶中，加蒸馏水稀释至刻度，摇匀。

（2）用电导率仪，按浓度由稀到浓的顺序分别测定配制的 HAc 溶液和原 HAc 标准溶液的电导率值。

（3）计算 HAc 的解离度和解离常数。

2. 电导法测定 NaCl 溶液的浓度　精密移取 AgNO$_3$ 标准溶液 10.00 mL 于 100 mL 烧杯中，加蒸馏水至 40 mL，放入搅拌子和电导电极，在磁力搅拌器上边搅拌边用 NaCl 溶液滴定，每次用微量移液器加入 NaCl 溶液 1.00 mL，记录加入 NaCl 溶液的体积和对应的溶液电导率值，直至加入 NaCl 溶液的总体积为 13.00 mL。作图，计算 NaCl 溶液的浓度。

五、思　考　题

1. 电解质溶液的导电能力可以用哪些物理量衡量？它们之间的关系如何？

2. 测定溶液电导的注意事项有哪些？

实验十一　一级反应速率常数及活化能的测定

一、实　验　目　的

1. 学习测定化学反应速率常数、活化能的原理和方法。

2. 测定不同温度下 KI 与 H$_2$O$_2$ 反应的速率常数，求出反应的活化能。

二、实　验　原　理

当温度变化范围不大时，反应速率常数与温度的关系式如下：

$$\ln \frac{k_2}{k_1} = \frac{E_a}{R}\left(\frac{1}{T_1} - \frac{1}{T_2}\right)$$

（4-11-1）

式中，k_1、k_2 为在温度 T_1、T_2 时的反应速率常数（reaction rate constant）；E_a 为反应的活化能（activation energy）。

本实验测定的化学反应为

$$2H^+ + 2I^- + H_2O_2 \Longrightarrow 2H_2O + I_2$$

在 KI 的酸性溶液中，加入一定量的淀粉溶液和 $Na_2S_2O_3$ 标准溶液，然后一次性加入一定量的 H_2O_2 溶液。在溶液中进行的反应如下：

$$I^- + H_2O_2 \Longrightarrow IO^- + H_2O \quad （慢）\quad ①$$
$$2H^+ + I^- + IO^- \Longrightarrow I_2 + H_2O \quad （快）\quad ②$$
$$I_2 + 2S_2O_3^{2-} \Longrightarrow 2I^- + S_4O_6^{2-} \quad （快）\quad ③$$

当溶液中的 $Na_2S_2O_3$ 未消耗完时溶液是无色的，当溶液中的 $Na_2S_2O_3$ 恰好消耗完毕时，反应②所产生的 I_2 即与溶液中的淀粉作用使溶液立刻变蓝，这时如果再加入一定量的 $Na_2S_2O_3$，溶液又变成无色。记录各次蓝色出现的时间及加入的 $Na_2S_2O_3$ 的量，即可测得各反应时刻 H_2O_2 的浓度。

因为反应①进行得比较慢，而反应②、③进行得很快，故可以假定反应的速率方程（rate equation）为

$$-\frac{dc_{H_2O_2}}{dt} = k' c_{H_2O_2} c_{I^-} \qquad (4\text{-}11\text{-}2)$$

由于在反应过程中溶液里的 I^- 不断再生，因此可以认为当溶液的体积不变时，c_{I^-} 是个常数。令 $k = k' c_{I^-}$，则

$$-\frac{dc_{H_2O_2}}{dt} = k c_{H_2O_2} \qquad (4\text{-}11\text{-}3)$$

积分后得

$$\ln \frac{c_0}{c_t} = kt \qquad (4\text{-}11\text{-}4)$$

式中，c_0 为 H_2O_2 在反应时间 $t = 0$ 时的浓度，可用滴定法测出；c_t 为 H_2O_2 在反应时间 t 时的浓度，可以通过记录各次蓝色出现的时间及加入的 $Na_2S_2O_3$ 的量而求得。

以 $\ln \dfrac{c_0}{c_t}$ 对 t 作图，如果得到的是一条直线，即可验证上述机制是正确的，斜率为反应速率常数 k。测定不同温度下反应的 k 值，由式（4-11-1）求得反应的活化能 E_a。

三、仪器和试剂

1. 仪器　恒温槽一套（±0.1℃）、0～50℃温度计、磨口锥形瓶、容量瓶（500 mL）、三颈瓶（1000 mL）、搅拌器、移液吸管、电子秒表等。

2. 试剂　$0.4\ mol \cdot L^{-1}$ KI 溶液、$3\ mol \cdot L^{-1}$ H_2SO_4 溶液、0.1% H_2O_2 溶液、1% 淀粉溶液、约 $0.1\ mol \cdot L^{-1}$ $Na_2S_2O_3$ 溶液等。

四、实验内容

1. $Na_2S_2O_3$ 溶液和 H_2O_2 溶液浓度关系的标定　精密量取 0.1% H_2O_2 溶液 10.00 mL 于磨口锥形瓶中，依次加入蒸馏水约 20 mL、$0.4\ mol \cdot L^{-1}$ KI 溶液约 10mL、$3\ mol \cdot L^{-1}$ H_2SO_4 溶液约 10 mL，放入搅拌子，盖上盖子，在电磁加热搅拌器上反应 5 min（如果室温太低，可延长加热时间，使反应完全）。打开盖子，在搅拌下以 $0.1\ mol \cdot L^{-1}$ $Na_2S_2O_3$ 溶液滴定 I_2，在 I_2 的黄色将要褪去时（即接近终点时），加入 1% 淀粉溶液约 1mL，继续用 $Na_2S_2O_3$ 溶液滴定，至蓝色消失为止。记录所消耗的 $Na_2S_2O_3$ 溶液的体积，并折算出 25 mL 0.1% H_2O_2 溶液所需消耗的 $Na_2S_2O_3$ 溶液的体积。

2. 反应速率的测定

（1）在室温下，于 500 mL 容量瓶中加入 0.4 mol·L^{-1} KI 溶液约 50 mL，用蒸馏水稀释至约为容量瓶 2/3 体积后，加入 3 mol·L^{-1} H$_2$SO$_4$ 溶液约 20 mL 及 1% 淀粉溶液约 5 mL，用蒸馏水稀释至刻度，振荡混合均匀。

（2）将容量瓶中所有溶液倾入 1000 mL 三颈瓶中，并将三颈瓶浸入恒温槽中，装好搅拌器并开始搅拌。

（3）待溶液温度与恒温槽温度相差不到 1℃时，记下溶液温度，精密移取 0.1 mol·L^{-1} Na$_2$S$_2$O$_3$ 溶液 1.00 mL，加入溶液中，立即精密移取并加入 0.1% H$_2$O$_2$ 溶液 25.00 mL。当溶液出现蓝色时，开始计时，同时精确加入 0.1 mol·L^{-1} Na$_2$S$_2$O$_3$ 溶液 1.00 mL，此后每当蓝色出现时，记录时间，同时精确加入 0.1 mol·L^{-1} Na$_2$S$_2$O$_3$ 溶液 1.00 mL。直到加入 0.1 mol·L^{-1} Na$_2$S$_2$O$_3$ 溶液的总量满 8.00 mL 为止。

（4）使恒温槽和溶液的温度高于室温 10℃左右（读数准确至 ±0.1℃），恒温条件下重复上述实验。记录实验温度和每次蓝色出现的时间（表 4-11-1）。

表 4-11-1　反应速率测定实验记录

加 0.1 mol·L^{-1} Na$_2$S$_2$O$_3$ 溶液的总量/mL	第 1 次实验（T_1=___K）蓝色出现的累计时间/s	第 2 次实验（T_2=___K）蓝色出现的累计时间/s
1.00		
2.00		
...		

五、数 据 处 理

1. 设 25 mL 0.1% H$_2$O$_2$ 溶液可消耗 0.1 mol·L^{-1} Na$_2$S$_2$O$_3$ 溶液 x mL，则

$$c_t = \frac{(x - V_{Na_2S_2O_3}) \cdot c_{Na_2S_2O_3}}{2 \cdot (V + V_{Na_2S_2O_3})} \tag{4-11-5}$$

$$c_0 = \frac{(x - 1) \cdot c_{Na_2S_2O_3}}{2 \cdot (V + 1)} \tag{4-11-6}$$

$$\frac{c_0}{c_t} = \frac{x - 1}{V + 1} \cdot \frac{V + V_{Na_2S_2O_3}}{x - V_{Na_2S_2O_3}} \tag{4-11-7}$$

式中，$V_{Na_2S_2O_3}$ 是在时间 t 时已加入的 Na$_2$S$_2$O$_3$ 溶液的体积；$V + V_{Na_2S_2O_3}$ 是溶液在 t 时的总体积（假设溶液体积是具有加和性的）；$c_{Na_2S_2O_3}$ 是加入的 Na$_2$S$_2$O$_3$ 溶液的物质的量浓度；c_0 是开始计时时候的反应溶液中 H$_2$O$_2$ 的浓度；c_t 不一定是消耗了 1 mL Na$_2$S$_2$O$_3$ 溶液后的 H$_2$O$_2$ 溶液浓度，如果操作中来不及计时，可在消耗了 2 mL 或 3 mL Na$_2$S$_2$O$_3$ 溶液后开始计时，此时上式中的 1 应改为 2 或 3。

2. 根据实验原理，分别作 T_1 和 T_2 温度下的 $\ln\dfrac{c_0}{c_t}$ 对 t 的直线图，直线的斜率分别为 k_1 和 k_2，再进一步计算 E_a。也可以用计算机 Excel 软件或计算器计算结果。

六、思 考 题

1. 实验中，为什么每当溶液出现蓝色时，需立即加入 Na$_2$S$_2$O$_3$ 溶液？

2. 本实验中，加入 KI 溶液量的多少对反应速率是否有影响？为什么？

3. 关于本实验的温度控制条件，T_2 是否一定要精确地比 T_1 高 10℃？ 这对活化能 E_a 的测定是否有影响？

实验十二　二组分完全互溶系统的气液平衡相图

一、实 验 目 的

1. 学习正确测量液体沸点的方法。

2. 理解相图和相律的基本概念，学习二元液相体系的气液平衡相图的绘制方法。

二、实 验 原 理

相平衡（phase equilibrium）数据是平衡分离过程的基础。工程上常用的主要有气液平衡、液液平衡和固液平衡等，其中气液平衡应用最普遍。

两种液态物质混合而成的二组分体系称为二元液相体系（双液系），若两个组分能以任意比例互相溶解，则称为完全互溶双液系。由于两种液体的挥发性通常不同，完全互溶双液系在一定的外压下沸腾时，其气相组成和液相组成并不相同，具有较高蒸气压的组分在气相中的浓度大于其在液相中的浓度。如果液体 A 和液体 B 组成理想溶液，根据拉乌尔定律，溶液的蒸气压介于纯 A 和纯 B 的蒸气压。实际溶液往往都不是理想溶液，可对拉乌尔定律发生偏差，有的产生最大正偏差或最大负偏差，因此在沸点–组成图上出现最低点或最高点。

本实验中的环己烷–乙醇溶液是具有最低共沸点（azeotropic point）的双液系，其气液平衡相图（phase diagram）见图 4-12-1。图中横坐标表示二元系的组成（以 B 的摩尔分数表示），纵坐标为温度，显然曲线的两个端点 T_A^*、T_B^* 是指在一定压力下纯 A、纯 B 的沸点。若原始溶液的组成为 x_0，当它沸腾达到气液平衡的温度为 T_1 时，其平衡气液相组成分别为 y_1 与 x_1。用不同组成的溶液进行测定，可得到一系列 T-x-y 数据，据此画出一张由气相线与液相线组成的完整相图。当系统组成为 x_e 时，平衡的气相组成与液相组成相同，这时的混合物称为共沸混合物（azeotropic mixture），其沸腾温度为 T_e，为最低共沸点。

本实验用环己烷和乙醇配制不同组成的溶液，测定不同组成溶液的沸腾温度及在此温度下平衡的液相和气相的组成。确定组成的方法：用折光仪测定气、液两相的折射率，从已知的折射率与组成关系的标准曲线上，用内插法求得组成。

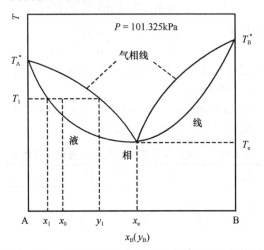

图 4-12-1　具有最低共沸点的双液系气液平衡相图

三、仪 器 和 试 剂

1. 仪器　沸点仪、阿贝折光仪、调压变压器、0～50℃温度计（1/10℃刻度）、50～100℃温度计（1/10℃刻度）、烧杯（50 mL、250 mL）、具塞试管、滴管。

2. 试剂 摩尔百分数为10%、30%、75%、95%组成的环己烷–乙醇溶液、重蒸馏水、丙酮（CP）等。

四、实验内容

1. 沸点仪的安装 将干燥的沸点仪按图 4-12-2 安装好。注意加热用的电阻丝要靠近盛液容器底部的中心，测量温度计水银球的位置要在支管之下并至少高于电阻丝 0.5 cm。

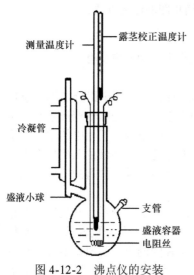

图 4-12-2　沸点仪的安装

（测量温度计、露茎校正温度计、冷凝管、盛液小球、支管、盛液容器、电阻丝）

2. 沸点的测定 自支管加入待测溶液约 35 mL，其液面应在测量温度计水银球的中部，打开冷凝水，接通电源，用调压变压器调节电压（约 20 V），使溶液缓缓加热。当液体沸腾后，再调节电压，使蒸气能在冷凝管中回流，回流的高度不宜太高，以 2 cm 为宜（通过调节冷凝管中冷却水的流量来控制），沸腾一段时间，使冷凝液不断淋洗盛液小球中的液体，直到测量温度计上的读数稳定为止（一般需 15～20 min），记录测量温度计的读数，并从露茎校正温度计上读出测量温度计的露茎温度。

3. 取样 切断电源，停止加热。用 250 mL 烧杯，内盛冷水，冷却盛液容器内的液体至室温。先用一支洁净的干燥滴管取出盛液小球中的全部冷却液，用另一支干燥滴管吸取盛液容器内的溶液约 1 mL，上述样品分别作为平衡时气相、液相的样品。这些样品可以分别储存在事先准备好的干燥具塞试管中，立即盖好盖子，以防挥发。尽快准确测定样品的折射率。当沸点仪内的液体冷却后，将该溶液自支管倒入指定的回收瓶中。

4. 组成的测定 在一定温度下，用重蒸馏水测定阿贝折光仪的读数校正值，再测定样品的折射率，每个样品测 3 次，取平均值，并用重蒸馏水测得的阿贝折光仪的读数校正值校正，即为所测样品在该温度时的折射率。在环己烷–乙醇溶液折射率与组成的关系标准曲线上查得相应的组成。

按上述步骤，分别测定各种组成的环己烷–乙醇溶液沸点及其平衡时气相、液相的组成。

五、数据处理及相图的绘制

由于测量温度计的水银柱未全部浸入待测温度的区域内而需进行露茎校正。校正公式：

$$T_c = T_0 + 1.6 \times 10^{-4} n_e (T_0 - T_m) \tag{4-12-1}$$

式中，n_e 是露于空气中的水银柱长度（以度数表示）；T_0 为测量温度计的读数；T_m 为露茎校正温度计所示的空气温度；T_c 为校正后的温度值。

将气相、液相组成及校正后的沸点列于表 4-12-1。根据表 4-12-1 数据绘制环己烷–乙醇的气液平衡相图，从图上求得最低共沸点及共沸混合物的组成。

表 4-12-1　沸点及其平衡时气相、液相组成数据

浓度	T_0	T_m	n_e	T_c	气相环己烷/%	液相环己烷/%
10%						
30%						
75%						
95%						

六、思　考　题

1. 实验中环己烷–乙醇溶液的组成是否需要非常精确？为什么？

2. 绘制二组分气液平衡相图时，为什么要注明压力 P？本实验中，压力多大？

实验十三 难溶电解质碘酸铜溶度积常数的测定

一、实验目的

1. 学习分光光度法测定难溶电解质溶度积常数的原理和方法。
2. 熟悉分光光度计的使用方法。
3. 巩固固液分离、沉淀的洗涤和溶液配制等基本操作。

二、实验原理

在一定温度下，难溶电解质碘酸铜 $[Cu(IO_3)_2]$ 的饱和溶液中存在以下溶解平衡：

$$Cu(IO_3)_2 \rightleftharpoons Cu^{2+} + 2IO_3^-$$

$Cu(IO_3)_2$ 的溶度积 K_{sp} 关系式为

$$K_{sp,Cu(IO_3)_2} = [Cu^{2+}][IO_3^-]^2 \tag{4-13-1}$$

温度一定时，K_{sp} 值为常数。若将纯 $Cu(IO_3)_2$ 固体溶于水制成饱和溶液，则此溶液中的 $[Cu^{2+}]$ 就是 $Cu(IO_3)_2$ 在该温度下的溶解度 S。因此

$$K_{sp,Cu(IO_3)_2} = [Cu^{2+}][IO_3^-]^2 = [Cu^{2+}] \cdot (2[Cu^{2+}])^2 = 4[Cu^{2+}]^3 = 4S^3 \tag{4-13-2}$$

由此可见，只要测得溶液中 $[Cu^{2+}]$，即可由上式求出 $Cu(IO_3)_2$ 的 K_{sp} 值。

本实验以 Cu^{2+} 与 NH_3 反应生成深蓝色 $[Cu(NH_3)_4]^{2+}$ 络离子，用分光光度法测定溶液中 Cu^{2+} 的浓度，由此可以求出 $Cu(IO_3)_2$ 的 K_{sp} 值。

分光光度法测定物质浓度的基本原理：当单色光通过一定厚度（l）的有色物质的溶液时，有色物质对光的吸收（用吸光度 A 表示）与有色物质的浓度成正比。根据朗伯–比尔定律：

$$A = \varepsilon c l \tag{4-13-3}$$

可以计算出待测物质的浓度。式中，ε 为吸光系数，其值与有色物质及入射光的波长有关；c 为待测溶液的浓度；l 为有色物质溶液的厚度，即比色皿的厚度。$[Cu(NH_3)_4]^{2+}$ 络离子对波长为 620 nm 左右的光有特别强的吸收，用分光光度计测出 $[Cu(NH_3)_4]^{2+}$ 的吸光度 A，就可通过朗伯–比尔定律求出浓度 c。实际测定时，要先测出一系列已知浓度的 $[Cu(NH_3)_4]^{2+}$ 标准溶液的 $A_{标}$（$A_{标} = \varepsilon c_{标} l$），然后以标准溶液的浓度为横坐标，以相应的吸光度为纵坐标，绘制 A–c 关系图，即可获得一条通过原点的直线，即标准曲线（图 4-13-1）。再定量量取 $Cu(IO_3)_2$ 饱和溶液，加过量氨水后，在相同条件下测定 $A_{样}$（$A_{样} = \varepsilon c_{样} l$），通过标准曲线即可求出样品溶液中 $[Cu(NH_3)_4]^{2+}$ 的浓度，即为 $Cu(IO_3)_2$ 饱和溶液中的 Cu^{2+} 浓度。

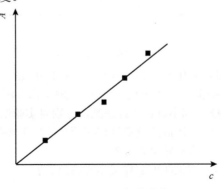

图 4-13-1 A–c 标准曲线

三、仪器和试剂

1. 仪器　分光光度计、刻度吸管（1 mL、10 mL）、量筒（10 mL）、长颈漏斗、铁架台、烧杯（100 mL）、容量瓶（25 mL）、磁力加热搅拌器等。

2. 试剂　0.1000 mol·L^{-1} CuSO$_4$ 标准溶液、0.5 mol·L^{-1} CuSO$_4$ 溶液、2 mol·L^{-1} 氨水、0.35 mol·L^{-1} NaIO$_3$ 溶液等。

四、实验内容

1. 配制标准溶液　于 5 个 25 mL 容量瓶中，分别用刻度吸管精密量取 0.1000 mol·L^{-1} CuSO$_4$ 标准溶液各 0.20 mL、0.40 mL、0.60 mL、0.80 mL、1.00 mL，然后均加入 2 mol·L^{-1} 氨水 10.00 mL，用蒸馏水稀释至刻度，混匀。

2. 制备 Cu(IO$_3$)$_2$ 饱和溶液　用量筒量取 0.35 mol·L^{-1} NaIO$_3$ 溶液 10 mL 于 100 mL 烧杯中，加热至近沸，搅拌下缓慢滴加 0.5 mol·L^{-1} CuSO$_4$ 溶液 3 mL，继续加热搅拌至蓝色沉淀生成完全。静置至室温，倾析法弃去上清液。用蒸馏水洗涤沉淀至溶液无色（3～4 次），每次都用倾析法弃去上清液，得 Cu(IO$_3$)$_2$ 固体。于固体中加蒸馏水约 30 mL，小火加热，不断搅拌使其达到溶解平衡，保持温度为 70～80℃ 2～3 min 后，将烧杯移至冷水浴上，搅拌下冷却至室温。常压过滤，滤液收集于干燥洁净的烧杯中，即得 Cu(IO$_3$)$_2$ 饱和溶液。

3. 配制样品溶液　用移液管精密量取 Cu(IO$_3$)$_2$ 饱和溶液 10.00 mL 于 25 mL 容量瓶中，按标准溶液配制方法配制样品溶液。

4. 测定 Cu(IO$_3$)$_2$ 饱和溶液中 Cu^{2+} 的浓度　用分光光度计测出标准溶液的 $A_标$，绘制标准曲线。然后测定样品溶液的 $A_样$，通过标准曲线用内插法求出 $c_样$，再由溶度积公式求出 Cu(IO$_3$)$_2$ 的 K_{sp} 值。

五、实验结果

将测定实验结果填入表 4-13-1 中。

表 4-13-1　分光光度法测定 Cu(IO$_3$)$_2$ 的溶度积常数　　　　实验温度：_____

	标准溶液					样品溶液
	1	2	3	4	5	
$c/(\text{mol·L}^{-1})$						
A						
$K_{sp, 实}$						
$K_{sp, 理} = 7.4 \times 10^{-8}$						
相对误差 $= \dfrac{K_{sp,实} - K_{sp,理}}{K_{sp,理}} \times 100\% =$						

六、思 考 题

1. 在制备 Cu(IO$_3$)$_2$ 固体时，若中间产物碱式碘酸铜转化不完全，会对实验结果有何影响？

2. 在制备 Cu(IO$_3$)$_2$ 饱和溶液时，若①未达到沉淀–溶解平衡（溶液未饱和）；②沉淀不完全（加热后未冷至室温）；③有 Cu(IO$_3$)$_2$ 细小颗粒透过滤纸，分别对实验结果有何影响？

3. 最后用于过滤 Cu(IO$_3$)$_2$ 饱和溶液的仪器为何必须是洁净干燥的？

4. 实验中加入的氨水是否一定要精密量取？

5. 影响实验结果的主要因素有哪些？怎样减小实验误差？

实验十四　银氨络离子配位数和稳定常数的测定

一、实验目的

1. 掌握和应用沉淀平衡和配位平衡原理。

2. 学习测定银氨络离子配位数和稳定常数的方法。

3. 掌握滴定管的使用方法和滴定操作。

二、实验原理

向 $AgNO_3$ 溶液中加入过量的氨水，即形成稳定的 $[Ag(NH_3)_n]^+$ 络离子。再向溶液中滴入 KBr 溶液，至刚刚出现 AgBr 沉淀（浑浊），此时溶液中同时存在着配位和沉淀两种平衡：

$$Ag^+ + nNH_3 \rightleftharpoons [Ag(NH_3)_n]^+$$

$$K_{稳} = \frac{[Ag(NH_3)_n^+]}{[Ag^+][NH_3]^n} \tag{4-14-1}$$

$$Ag^+ + Br^- \rightleftharpoons AgBr$$

$$K_{sp} = [Ag^+][Br] \tag{4-14-2}$$

由式（4-14-1）和式（4-14-2）相乘得

$$\frac{[Ag(NH_3)_n^+][Br^-]}{[NH_3]^n} = K_{稳} \cdot K_{sp} = K \tag{4-14-3}$$

$$[Br^-] = \frac{K \cdot [NH_3]^n}{[Ag(NH_3)_n^+]} \tag{4-14-4}$$

式（4-14-1）～式（4-14-4）中 $[Br^-]$、$[Ag(NH_3)_n^+]$、$[NH_3]$ 是指平衡时的浓度。

设 $AgNO_3$ 的初始浓度为 c_{Ag^+}，体积为 V_{Ag^+}，加入的氨水和 KBr 的初始浓度和体积分别为 c_{NH_3}、V_{NH_3} 和 c_{Br^-}、V_{Br^-}，混合溶液的总体积为 $V_{总}$。考虑到氨水是过量的且忽略 $[Ag(NH_3)_n]^+$ 的电离及生成 AgBr 所消耗的 $[Br^-]$，式（4-14-4）中各物种的浓度可近似为

$$[Br^-] = \frac{c_{Br^-} \cdot V_{Br^-}}{V_{总}} \tag{4-14-5}$$

$$[NH_3] = \frac{c_{NH_3} \cdot V_{NH_3}}{V_{总}} \tag{4-14-6}$$

$$\left[Ag(NH_3)_n^+\right] = \frac{c_{Ag^+} \cdot V_{Ag^+}}{V_{总}} \tag{4-14-7}$$

将式（4-14-5）～式（4-14-7）代入式（4-14-4）并整理得

$$V_{Br^-} = \frac{K \cdot c_{NH_3}^n \cdot V_{总}^{2-n} \cdot V_{NH_3}^n}{c_{Br^-} \cdot c_{Ag^+} \cdot V_{Ag^+}} = K' \cdot V_{NH_3}^{\,n} \tag{4-14-8}$$

式（4-14-8）中

$$K' = \frac{K \cdot c_{NH_3}^n \cdot V_{总}^{2-n}}{c_{Br^-} \cdot c_{Ag^+} \cdot V_{Ag^+}} \tag{4-14-9}$$

即 K' 为一常数。

将式（4-14-8）两边取对数得

$$\lg V_{Br^-} = n\lg V_{NH_3} + \lg K' \tag{4-14-10}$$

以 $\lg V_{Br^-}$ 为纵坐标、$\lg V_{NH_3}$ 为横坐标作图，直线的斜率（取最接近的整数）即 $[Ag(NH_3)_n]^+$ 的配位数 n；从截距 $\lg K'$ 可求出 K，代入式（4-14-3）即可求出 $[Ag(NH_3)_n]^+$ 的稳定常数 $K_{稳}$。

三、仪器和试剂

1. 仪器 刻度吸管（10 mL）、锥形瓶（100 mL）、酸式滴定管（25 mL）、碱式滴定管（25 mL）、量筒（10 mL、100 mL）等。

2. 试剂 0.0100 mol·L^{-1} AgNO$_3$ 溶液、2 mol·L^{-1} 氨水、0.0100 mol·L^{-1} KBr 溶液等。

四、实验内容

1. 沉淀滴定 用刻度吸管精密量取 0.0100 mol·L^{-1} AgNO$_3$ 溶液 6.00 mL 于洁净干燥的 100 mL 锥形瓶中，用碱式滴定管加入 2 mol·L^{-1} 氨水 15 mL，再用量筒加入蒸馏水 15 mL，摇匀。振摇下用酸式滴定管缓缓滴加 0.0100 mol·L^{-1} KBr 溶液，直至刚产生的 AgBr 浑浊不再消失为止。记录消耗的 KBr 的体积（V_{Br^-}），求出总体积（$V_{总}$），将数据记录于表 4-14-1 中。

2. 重复实验 用同样的方法按表 4-14-1 规定的试剂用量，重复实验 5~6 次。注意：每次接近终点时，要用量筒补加适量的蒸馏水，使混合溶液的总体积 $V_{总}$ 保持一致。

表 4-14-1 银氨络离子的滴定

编号	V_{Ag^+}/mL	$V_{氨水}$/mL	V_{H_2O}/mL	V_{Br^-}/mL	V''_{H_2O}/mL	$\lg V_{Br^-}$	$\lg V_{氨水}$
1	6.00	15.00	15.00				
2	6.00	12.50	17.50				
3	6.00	10.00	20.00				
4	6.00	7.50	22.50				
5	6.00	5.00	25.00				

注：实验温度：_____。

3. 数据处理 以 $\lg V_{Br^-}$ 为纵坐标、$\lg V_{氨水}$ 为横坐标作图，求出直线的斜率（取最接近的整数），确定 $[Ag(NH_3)_n]^+$ 的配位数 n；从截距 $\lg K'$ 可求出 K，再从数据手册中查出 $K_{sp,AgBr}$，代入相关公式，求出 $K_{稳}$。

五、思 考 题

1. 在计算平衡体系中 $[Br^-]$、$[Ag(NH_3)_n]^+$ 和 $[NH_3]$ 时，为什么可以忽略下列因素？

（1）生成 $[Ag(NH_3)_n]^+$ 时消耗的 NH$_3$ 的量。

（2）$[Ag(NH_3)_n]^+$ 的解离。

（3）产生 AgBr 沉淀时消耗 Br$^-$ 的浓度。

2. 滴定所用的锥形瓶为何要洁净且干燥？重复实验接近终点时，为何要补加适量的蒸馏水？所加的量如何确定？

3. 从数据手册中查出银氨络离子的稳定常数，分析实验误差产生原因。

4. 还有哪些方法可用于测定配合物的稳定常数？

实验十五 电解质溶液及配合物的性质

一、实 验 目 的

1. 加深对盐类水解反应及其影响因素的理解。

2. 了解沉淀平衡和溶度积原理的应用。

3. 了解配合物的生成、组成、解离，以及配合物与简单化合物的区别。

二、实 验 原 理

1. 盐类水解 物质溶解时，溶质分子分散在溶剂分子之间并与溶剂分子相互作用。溶质分子全部或部分形成带电离子的物质称为电解质（electrolyte），一般把在水溶液中能完全电离的电解质称为强电解质（strong electrolyte），仅能部分电离的电解质称为弱电解质（weak electrolyte）。

盐类水解（hydrolysis）反应是中和反应的逆反应，影响盐类水解的因素主要有温度、稀释度、酸度和浓度等。

2. 难溶电解质 在一定温度下，难溶电解质与它的饱和溶液中的相应离子处于平衡状态，此时该物质所电离出的各种离子浓度幂的乘积，称为溶度积（solubility product），用 K_{sp} 表示。在一定温度下，对于平衡关系：

$$A_mB_n(s) \rightleftharpoons mA^{n+} + nB^{m-}$$

$$K_{sp} = [A^{n+}]^m \cdot [B^{m-}]^n \tag{4-15-1}$$

以有关离子的起始浓度积 $Q_c = (c_{A^{n+}})^m \cdot (c_{B^{m-}})^n$ 与 K_{sp} 比较，可判断沉淀的生成和溶解：

（1）$Q_c < K_{sp}$ 时，无沉淀析出。若有沉淀存在，则发生溶解，直至达到平衡。

（2）$Q_c = K_{sp}$ 时，若体系中有难溶电解质沉淀，则溶液为饱和溶液，沉淀与溶解达平衡状态；若体系中没有难溶电解质沉淀，则溶液为准饱和溶液。

（3）$Q_c > K_{sp}$ 时，溶液处于过饱和状态，平衡向析出沉淀的方向移动，直至达到平衡。

上述判断沉淀生成和溶解的关系称为溶度积规则（the rule of solubility product）。

如果溶液中有两种或两种以上的离子都能与加入的某种试剂（沉淀剂）反应生成难溶电解质，此时沉淀的先后次序取决于所需沉淀剂中离子浓度的大小，需要沉淀剂离子浓度较小的离子先沉淀，需要沉淀剂离子浓度较大的离子后沉淀。这种先后生成沉淀的现象称为分步沉淀或分级沉淀（fractional precipitation）。

有些难溶电解质与适当试剂作用时，能生成溶解度更小的物质，这种由一种沉淀转化为另一种沉淀的过程称为沉淀的转化。

3. 配合物性质 由中心离子（或原子）与配体按一定组成和空间构型以配位键结合所形成的化合物称为配合物。配位反应是分步进行的可逆反应，每一步反应都存在着配位平衡，在一定条件下可以发生平衡移动。配合物的稳定性可由最高级的累积常数（β_n）即稳定常数 $K_{稳}$ 表示，如

$$Cu^{2+} + 4NH_3 \rightleftharpoons [Cu(NH_3)_4]^{2+}$$

对于同种类型的配合物而言，$K_{稳}$ 值越大，配合物越稳定。

螯合物（chelating ligand）是中心离子与多齿配位体形成的环状结构的配合物，如乙二胺、乙二胺四乙酸根等多齿配体可与许多金属离子形成稳定的螯合物。许多螯合物具有特征的颜色，难溶于水而易溶于有机溶剂中。

金属离子在形成络离子后，其理化性质如颜色、溶解度、氧化还原性都可发生改变，利用配合物的生成不仅可以鉴定某些金属离子，还能掩蔽反应中的干扰离子，在药物分析、药物制剂和临床治疗等方面都有重要的应用。

三、仪器和试剂

1. 仪器　刻度吸管（5mL）、量筒（10mL）、烧杯、试管、离心机、离心试管、漏斗、漏斗架等。

2. 试剂　95% 乙醇溶液、$0.2 \; mol \cdot L^{-1}$ HAc 溶液、$0.2 \; mol \cdot L^{-1}$ NaAc 溶液、$1 \; mol \cdot L^{-1}$ NaAc 溶液、$0.1 \; mol \cdot L^{-1}$ Na_2S 溶液、$0.1 \; mol \cdot L^{-1}$ $CaCl_2$ 溶液、$6 \; mol \cdot L^{-1}$ HNO_3 溶液、$0.5 \; mol \cdot L^{-1}$ NaOH 溶液、$2 \; mol \cdot L^{-1}$ NaOH 溶液、$0.1 \; mol \cdot L^{-1}$ Na_2CO_3 溶液、$0.1 \; mol \cdot L^{-1}$ $SbCl_3$ 溶液、$0.1 \; mol \cdot L^{-1}$ NH_4Cl 溶液、NH_4Cl 饱和溶液、$0.1 \; mol \cdot L^{-1}$ NaCl 溶液、$0.1 \; mol \cdot L^{-1}$ NH_4Ac 溶液、$0.1 \; mol \cdot L^{-1}$ Na_2SO_4 溶液、$0.1 \; mol \cdot L^{-1}$ $AgNO_3$ 溶液、$0.1 \; mol \cdot L^{-1}$ $MgCl_2$ 溶液、$2 \; mol \cdot L^{-1}$ 氨水、$0.1 \; mol \cdot L^{-1}$ $CuSO_4$ 溶液、$CuSO_4 \cdot 5H_2O$（CP）、$0.1 \; mol \cdot L^{-1}$ $BaCl_2$ 溶液、$0.1 \; mol \cdot L^{-1}$ Na_2CO_3 溶液、$0.1 \; mol \cdot L^{-1}$ Na_2S 溶液、NaF 饱和溶液、$0.1 \; mol \cdot L^{-1}$ KI 溶液、$0.1 \; mol \cdot L^{-1}$ K_2CrO_4 溶液、$0.1 \; mol \cdot L^{-1}$ $K_3[Fe(CN)_6]$ 溶液、$0.1 \; mol \cdot L^{-1}$ $K_4[Fe(CN)_6]$ 溶液、$0.1 \; mol \cdot L^{-1}$ $CaCl_2$ 溶液、$0.1 \; mol \cdot L^{-1}$ Na_2H_2EDTA 溶液、酚酞指示剂、$0.1 \; mol \cdot L^{-1}$ KSCN 溶液、$0.1 \; mol \cdot L^{-1}$ $Na_2S_2O_3$ 溶液、1% 丁二酮肟溶液、5% TAA 溶液、$0.1 \; mol \cdot L^{-1}$ $NiSO_4$ 溶液、0.25% 邻菲咯啉溶液、$0.5 \; mol \cdot L^{-1}$ HCl 溶液、$2 \; mol \cdot L^{-1}$ HCl 溶液、$6 \; mol \cdot L^{-1}$ HCl 溶液、$0.1 \; mol \cdot L^{-1}$ KBr 溶液、$0.1 \; mol \cdot L^{-1}$ NaCl 溶液、$0.1 \; mol \cdot L^{-1}$ $FeCl_3$ 溶液、$0.5 \; mol \cdot L^{-1}$ $FeCl_3$ 溶液、浓氨水、稀氨水、$1 \; mol \cdot L^{-1}$ H_2SO_4 溶液、$0.1 \; mol \cdot L^{-1}$ $FeSO_4$ 溶液、CCl_4 等。

四、实 验 内 容

1. 盐类的水解

（1）在点滴板上用广范 pH 试纸测定 Na_2CO_3、NH_4Cl、NH_4Ac 和 NaCl 4 种溶液（浓度均为 $0.1 \; mol \cdot L^{-1}$）的 pH，指出发生水解反应的盐，并写出其水解反应方程式。

（2）取 1 支小试管加入 $1 \; mol \cdot L^{-1}$ NaAc 溶液 10 滴及酚酞指示剂 1 滴，加热至沸，观察溶液颜色的变化，并解释其原因。

（3）在试管中加入 $0.1 \; mol \cdot L^{-1}$ $SbCl_3$ 溶液 1 滴，加 5 滴蒸馏水稀释，有何现象发生？向沉淀中逐滴加入 $6 \; mol \cdot L^{-1}$ HCl 溶液，不断振荡至沉淀溶解，再加蒸馏水稀释，沉淀是否又会生成？解释实验现象并写出相应的反应方程式。

本实验中溶液的 pH 亦可使用 pH 计测定。

2. 分步沉淀及沉淀转化

在离心试管中加入 $0.1 \; mol \cdot L^{-1}$ NaCl 溶液 1 滴和 $0.1 \; mol \cdot L^{-1}$ K_2CrO_4 溶液 1 滴，然后逐滴加入 $0.1 \; mol \cdot L^{-1}$ $AgNO_3$ 溶液 2～3 滴，边滴加边振摇试管，观察所形成沉淀的颜色变化，以溶度积规则解释之。

离心分离后，加入 5% TAA 溶液 2 滴，观察沉淀颜色的变化，解释实验现象并写出相应的反应方程式。

3. 沉淀的溶解

（1）取 $0.1 \; mol \cdot L^{-1}$ $MgCl_2$ 溶液 2 滴于离心试管中，加 $2 \; mol \cdot L^{-1}$ NaOH 溶液 2 滴，此时有白色沉淀生成，离心分离后弃去溶液，在沉淀中加 NH_4Cl 饱和溶液，有何现象？写出反应方程式。

（2）取 $0.1 \; mol \cdot L^{-1}$ NaCl 溶液 1 滴，加 $0.1 \; mol \cdot L^{-1}$ $AgNO_3$ 溶液 1 滴，向沉淀中滴加 $2 \; mol \cdot L^{-1}$ 氨水，有何现象？写出反应方程式。

4. 配合物的性质

（1）配合物的生成和组成

1）配合物的生成：称取 $CuSO_4 \cdot 5H_2O$ 1 g，加蒸馏水 5 mL，搅拌溶解后加入浓氨水 2.5 mL，混匀。再加入 95% 乙醇溶液 5 mL，搅拌混匀，静置 2～3 min 后过滤，分出结晶。用少量乙醇洗涤结晶 1～2 次，并用滤纸吸干，记录其性状。

2）配合物的组成：取 2 支试管，各加入 $0.1 \; mol \cdot L^{-1}$ $CuSO_4$ 溶液 1 滴，然后分别加入 $0.1 \; mol \cdot L^{-1}$ $BaCl_2$ 溶液 1 滴和 $0.1 \; mol \cdot L^{-1}$ Na_2CO_3 溶液 1 滴，观察现象。

取 2 支试管各加入少量 1）中所得 $[Cu(NH_3)_4]SO_4$ 产品，加蒸馏水溶解，分别加入 $0.1 \; mol \cdot L^{-1}$

$BaCl_2$ 溶液数滴和 $0.1\ mol\cdot L^{-1}\ Na_2CO_3$ 溶液数滴,观察现象。通过实验,分析该配合物的内界和外界组成。

（2）络离子的解离平衡

1）取少量 1）中所得产品,加蒸馏水溶解,溶液显什么颜色?继续加蒸馏水又有何变化?

2）取少量 1）中所得产品,加蒸馏水溶解,逐滴加入 $1\ mol\cdot L^{-1}\ H_2SO_4$ 溶液至过量,有何变化?

3）取少量 1）中所得产品,加蒸馏水溶解,逐滴加入 $0.1\ mol\cdot L^{-1}\ Na_2S$ 溶液至过量,有何现象?

（3）络离子与简单离子性质的比较

1）取 2 支小试管分别加入 $0.1\ mol\cdot L^{-1}\ FeCl_3$ 溶液和 $0.1\ mol\cdot L^{-1}\ K_3[Fe(CN)_6]$ 溶液各 1 滴,然后各加 $0.1\ mol\cdot L^{-1}\ KSCN$ 溶液 3 滴,观察并解释现象。

2）取 2 支小试管分别加入 $0.1\ mol\cdot L^{-1}\ FeSO_4$ 溶液和 $0.1\ mol\cdot L^{-1}\ K_4[Fe(CN)_6]$ 溶液各 3 滴,然后各加 $0.1\ mol\cdot L^{-1}\ Na_2S$ 溶液 2 滴,是否都有 FeS 沉淀生成?为什么?

（4）配合平衡与酸碱平衡

1）形成配合物时溶液 pH 的变化:在 2 支试管中分别加入 $0.1\ mol\cdot L^{-1}\ CaCl_2$ 溶液 1 mL 和 $0.1\ mol\cdot L^{-1}\ Na_2H_2EDTA$ 溶液 1 mL,各加酚酞指示剂 1 滴,然后分别用稀氨水调至溶液呈浅红色,将两溶液混合有何现象?写出反应方程式并解释。

2）溶液 pH 对配合平衡的影响:取 2 支试管,各加入 $0.1\ mol\cdot L^{-1}\ FeCl_3$ 溶液 2 滴,再加入 $0.1\ mol\cdot L^{-1}\ KSCN$ 溶液 1 滴,然后分别逐滴加入 $2\ mol\cdot L^{-1}\ HCl$ 溶液和 $2\ mol\cdot L^{-1}\ NaOH$ 溶液,观察现象。比较 $[Fe(SCN)_6]^{3-}$ 在酸性或碱性溶液中的稳定性。

（5）配合平衡与沉淀平衡:在离心试管中加入 $0.1\ mol\cdot L^{-1}\ AgNO_3$ 溶液 2 滴和 $0.1\ mol\cdot L^{-1}\ NaCl$ 溶液 2 滴,离心后弃去上清液,滴加 $2\ mol\cdot L^{-1}$ 氨水至沉淀刚好溶解。在溶液中加入 $0.1\ mol\cdot L^{-1}\ NaCl$ 溶液 1 滴,观察是否有白色沉淀生成,再加入 $0.1\ mol\cdot L^{-1}\ KBr$ 溶液 1 滴,观察沉淀颜色。继续加入 KBr 溶液,至不再产生沉淀为止,离心后弃去上清液,向沉淀中加入 $0.1\ mol\cdot L^{-1}\ Na_2S_2O_3$ 溶液至沉淀刚好溶解。接着在该溶液中加入 $0.1\ mol\cdot L^{-1}\ KBr$ 溶液 1 滴,观察有无沉淀生成,再加入 $0.1\ mol\cdot L^{-1}\ KI$ 溶液 1 滴,观察有无 AgI 沉淀生成。

根据上述实验结果,讨论沉淀平衡与配合平衡的关系,并比较 AgCl、AgBr、AgI 的 K_{sp} 大小及 $[Ag(NH_3)_2]^+$、$[Ag(S_2O_3)_2]^{3-}$ 两种络离子稳定性的相对大小。

（6）配合平衡与氧化还原平衡:取 2 支试管各加入 $0.5\ mol\cdot L^{-1}\ FeCl_3$ 溶液 3 滴,向其中一支滴加 NaF 饱和溶液至溶液无色,向另一支试管中加入相同滴数的蒸馏水,混匀后各加入 $0.1\ mol\cdot L^{-1}\ KI$ 溶液 2~3 滴,有何现象?再向试管中各加几滴 CCl_4,振荡后观察 CCl_4 层的颜色是否有区别?解释之。

（7）螯合物的生成

1）在试管中加入 $0.1\ mol\cdot L^{-1}\ NiSO_4$ 溶液 2 滴,再加 $2\ mol\cdot L^{-1}$ 氨水 2 滴和 1% 丁二酮肟溶液,观察现象。此法是鉴定 Ni^{2+} 的灵敏反应。

2）在点滴板上滴加 $0.1\ mol\cdot L^{-1}\ FeSO_4$ 溶液 1 滴和 0.25% 邻菲咯啉溶液 3 滴,观察现象。该反应是鉴定 Fe^{2+} 的灵敏反应。

五、思　考　题

1. 沉淀的溶解和转化需要具备哪些条件?

2. 影响配合物稳定性的主要因素有哪些?

实验十六　苯甲酸的重结晶、熔点测定

一、实验目的

1. 了解重结晶法纯化固体有机化合物的原理和意义。

2. 掌握溶解、脱色、热过滤、减压过滤和结晶等基本操作。

3. 掌握半自动熔点仪的使用方法。

二、实 验 原 理

固体有机化合物在溶剂中的溶解度与温度有密切关系，通常情况下温度升高溶解度增加，反之则降低。若把固体有机化合物溶解在热溶剂中制成饱和溶液，然后冷却使溶解度下降，就会有晶体析出，即利用被提纯物质和杂质在溶剂中的溶解度不同，使杂质在趁热过滤时被滤除或冷却后仍溶在母液中，与晶体分离，从而达到纯化的目的。

重结晶（recrystallization）适用于杂质含量在 5% 以下的固体有机化合物的纯化，若杂质含量过多，常会影响纯化效果，须经多次重结晶才能达到纯化目的。

纯粹的固体有机物具有一定的熔点，熔距不超过 0.5～1.0℃，含有杂质时熔点下降，熔距也增加。因此通过测定熔点可以判断出固体有机化合物的纯度，鉴别不同的有机化合物。

如果两种固体有机物具有相同或相近的熔点，可采用测定混合熔点来鉴别它们是否为同一化合物。若是两种不同化合物，通常会使熔点下降，如果是相同化合物则熔点不变。本实验将使用毛细管法测定有机化合物的熔点。

三、仪 器 和 试 剂

1. 仪器　集热式恒温加热搅拌器、循环水式真空泵、半自动熔点仪、圆底烧瓶、烧杯、球形冷凝管、吸滤瓶、布氏漏斗、乳胶管、搅拌子等。

2. 试剂　苯甲酸（工业级）、苯甲酸（AP）等。

四、实 验 内 容

1. 重结晶　按图 4-16-1 安装实验装置。称取工业级苯甲酸 1.5 g，放入 250 mL 圆底烧瓶中，加入蒸馏水 120 mL，放在水浴锅中加热并搅拌，直至苯甲酸溶解，溶液稍冷后，加入适量活性炭（样品量的 1%～5%），继续加热，保持微沸 3～5 min。将热溶液用预热过的布氏漏斗和吸滤瓶经减压过滤法趁热过滤（图 4-16-2）。将滤液转入预热的 250 mL 烧杯中，自然冷却至室温即有片状晶体析出，放置使析晶完全。

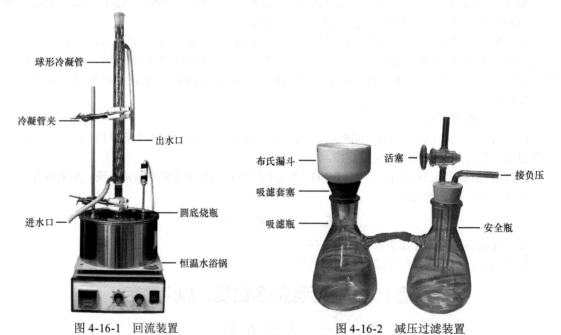

图 4-16-1　回流装置　　　　　　　　　图 4-16-2　减压过滤装置

减压过滤，收集晶体，抽干，尽量除去母液。打开安全瓶活塞，小心翻动晶体使之松散，用蒸馏水 25 mL 分 2～3 次润湿晶体，等 0.5 min 左右再关闭安全瓶活塞，抽干。停止减压过滤，取下布氏漏斗，用刮刀小心取下滤饼，置于表面皿上，放入烘箱（60℃）干燥。

2. 熔点测定　用重结晶后所得的精制苯甲酸及分析纯苯甲酸各装填 3 根毛细管，分别测定其熔点。将测定值填入表 4-16-1。

表 4-16-1　苯甲酸的熔点测定　　　　　　　　　　单位：℃

编号	分析纯苯甲酸		自制重结晶苯甲酸	
	初熔	终熔	初熔	终熔
1				
2				
3				
平均值				

五、注意事项

1. 按照布氏漏斗的内径剪裁滤纸，要略小于内径，但又能盖住小孔。

2. 趁热过滤动作要快，防烫伤，防漏碳。

3. 熔点测定时，毛细管装填要紧密，样品装填高度大概为 3 mm。

4. 熔点仪的起始温度要低于熔点 30℃，升温速率控制在 1～2℃/s。

六、思考题

1. 重结晶所用的溶剂为什么不能太多，也不能太少？如何控制溶剂的量？

2. 测定熔点时，若遇下列情况，将产生什么结果？

（1）毛细管不洁净。

（2）样品未完全干燥或含有杂质。

（3）样品碾得不细或装填得不紧密。

（4）升温速度太快。

实验十七　乙醇常压蒸馏与减压蒸馏

一、实验目的

1. 了解常压蒸馏和减压蒸馏的基本原理及应用。

2. 掌握常压蒸馏法测定沸点及分离液体化合物的操作方法。

二、实验原理

蒸馏就是将液体加热至沸腾，使液体气化，然后将蒸气冷凝为液体的过程。蒸馏是分离和提纯有机化合物的一种重要方法。通过常压蒸馏可以除去不挥发性的杂质，可分离沸点差大于 30℃的液体混合物，还可以测定纯液体有机物的沸点及定性检验液体有机物的纯度。减压蒸馏适用于那些在常压蒸馏时未达到沸点即已受热分解、氧化或聚合的物质。

化合物的沸点与液体表面的压力有关。当压力降至 1.3～2.0 kPa（10～15 mmHg）时，化合物的沸点可比常压下降低 80～100℃。

三、仪器和试剂

1. 仪器　集热式恒温加热搅拌器、循环水式真空泵、圆底烧瓶、蒸馏头、克氏蒸馏头、直形冷凝管、尾接管、温度计、安全瓶、搅拌子、毛细管、量筒等。

2. 试剂　污染的工业乙醇等。

四、实验内容

1. 常压蒸馏 搭好蒸馏装置（图 3-4-6），在 100 mL 蒸馏烧瓶中，加入污染工业乙醇 40 mL，放入 2～3 粒沸石或搅拌子，水浴加热进行蒸馏。当蒸气升到温度计水银球部位时，温度计的读数会迅速上升，控制蒸馏速度（1～2 滴/秒），此时温度计的读数即为流出液的沸点。分别收集 78.2℃ 以下和 78.2～78.5℃ 的馏分，并测量各馏分及残留液的体积，计算乙醇 78.2℃ 馏分的回收率。

2. 减压蒸馏 搭好减压蒸馏装置（图 4-17-1），在 100 mL 蒸馏烧瓶中，加入污染乙醇 40 mL，水浴加热进行蒸馏。通过旋转安全瓶活塞调整真空度，分别收集两个不同真空度下的馏分，并记录相应的温度。

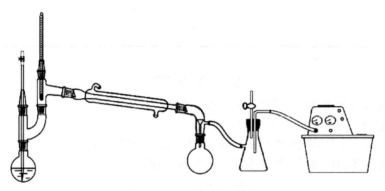

图 4-17-1　减压蒸馏装置

蒸馏结束时，先关闭热源，等稍冷后再打开安全瓶阀门，使系统内外压力平衡后关闭循环水泵。

五、注意事项

1. 温度计水银球上端与蒸馏头支管下端平齐。

2. 减压蒸馏装置要检查接口处气密性是否完好。

3. 蒸馏烧瓶中液体不可蒸干。

六、思考题

1. 如果液体具有恒定的沸点，那么能否认为它是单纯物质吗？

2. 蒸馏时插入毛细管的作用是什么？

实验十八　碘-碘化钾溶液的液液萃取

一、实验目的

1. 了解液液萃取的原理。

2. 掌握液液萃取的操作方法。

二、实验原理

萃取是分离和提纯有机化合物的常用方法之一。利用化合物在两种互不相溶（或微溶）的溶剂中溶解度的不同，使化合物从一种溶剂内转移到另一种溶剂中，从而达到分离的目的，称为液液萃取。

三、仪器和试剂

1. 仪器 梨形分液漏斗（125 mL）、铁架台、锥形瓶、圆底烧瓶等。

2. 试剂 碘-碘化钾水溶液、石油醚（CP）、蒸馏水等。

四、实验内容

1. 单次萃取 在 125 mL 梨形分液漏斗中依次加入碘–碘化钾水溶液 20 mL、石油醚 20 mL。振摇，放气，静置。待液体完全分层后，将下层水相溶液放入锥形瓶中，再用蒸馏水 20 mL 分两次洗涤有机相溶液（洗涤过程中如遇乳化，可加饱和氯化钠溶液破乳）。将上层有机相溶液从上端口倒入一个干燥的圆底烧瓶中，并塞上玻璃塞。

2. 两次萃取 在 125 mL 梨形分液漏斗中依次加入碘–碘化钾水溶液 20 mL、石油醚 10 mL。振摇，放气，静置。待液体完全分层后，将下层水相溶液放入锥形瓶中，将上层有机相溶液从上端口倒入一个干燥的圆底烧瓶中，并塞上玻璃塞。然后将锥形瓶中的水相溶液倒入分液漏斗中，再用石油醚 10 mL 萃取，合并两次有机相溶液。用蒸馏水 20 mL 分两次洗涤有机相溶液。

3. 萃取效果 通过对比单次萃取和两次萃取下层水相溶液的颜色，比较单次萃取和两次萃取的效果。

五、注意事项

1. 右手握住分液漏斗口颈，并用右手掌顶住塞子，左手握在分液漏斗活塞处，并用拇指压紧活塞，把分液漏斗放平，小心振荡。振荡几次后将分液漏斗下口向上倾斜（朝向无人处），小心开放活塞，排出气体，再关闭活塞振荡。如此反复多次，直到压力很小，再剧烈振荡 2～3 min。

2. 当有机层在上层，静置分层时，应先打开上口活塞平衡气压，然后再塞上活塞，防止有机溶剂挥发。

六、思考题

1. 如何确定分液漏斗中哪层是有机层，哪层是水层？

2. 有一种有机化合物（A），呈碱性，易溶于乙酸乙酯，几乎不溶于水。现混有其他有机杂质（B），已知杂质呈中性，易溶于乙酸乙酯，也不溶于水。请利用萃取技术设计实验方案，从混合物中分离得到有机化合物（A）。

实验十九 色素的色谱分离分析

一、实验目的

1. 了解柱色谱法的原理。
2. 掌握柱色谱法的操作及应用。

二、实验原理

柱色谱法（column chromatography）是一种常用的色谱方法，是分离、纯化和鉴定有机化合物的重要方法之一。基本原理与薄层色谱法相同。

吸附柱色谱法通常是在玻璃管中填入表面积很大且经过活化的多孔性或粉状固体吸附剂。当待分离的混合物溶液流过吸附柱时，各种成分同时被吸附在柱的上端。当洗脱剂流下时，由于不同化合物的吸附能力不同，往下洗脱的速度也不同，于是形成了不同层次，即溶质在柱中自上而下按对吸附剂的亲和力大小分别形成若干色带，再用溶剂洗脱时，可以从柱上分别洗出收集已经分开的溶质。

本次实验是亚甲基蓝和罗丹明 B 混合色素的分离。

亚甲基蓝是绿色有铜光的结晶或粉末，其稀的水溶液为蓝色。罗丹明 B 又称玫瑰红 B，是一种具有鲜红桃色的人工合成染料，其水溶液一般为蓝红色，稀释后有强烈的荧光，加入氢氧化钠则呈玫瑰红色；其在浓硫酸中呈黄光棕色。具体结构如下：

亚甲基蓝　　　　　　　　　　罗丹明B

三、仪器和试剂

1.仪器 色谱柱、锥形瓶、试管、加料漏斗等。

2.试剂 亚甲基蓝和罗丹明 B 的混合溶液、95% 乙醇溶液、中性氧化铝、石英砂等。

四、实 验 内 容

1.湿法装柱 放入适量脱脂棉（或玻璃毛）至色谱柱底部，再在脱脂棉上盖一层厚 0.5 cm 的石英砂（或用一张比柱内径略小的圆形滤纸代替），关闭活塞，加入 95% 乙醇溶液至柱顶，打开活塞，使溶剂缓慢滴下，缓慢加入中性氧化铝 20 g，边加边轻敲柱身，使氧化铝装填紧密无缝隙，上端平整，放入一张直径略小于色谱柱的圆形滤纸片（或用石英砂），覆盖在吸附剂上。当乙醇液面下降至与滤纸片平齐时，关闭活塞，装柱完成。

2.湿法上样 用滴管将亚甲基蓝和罗丹明 B 的混合溶液 1 mL 均匀加在色谱柱上端的滤纸上，打开活塞，使样品被吸附剂完全吸附，关闭活塞。用少量乙醇洗下管壁上的有色物质，再打开活塞，当乙醇液面下降至与滤纸片平齐时，关闭活塞，重复操作至管壁上的有色物质都被吸附剂吸附。

3.洗脱 缓慢加入 95% 乙醇溶液 15～20 mL，打开活塞，使液体按每秒 1～2 滴的速度滴下，观察色带的洗脱情况。当各色带被洗出色谱柱时，用试管分别收集洗脱液，相同成分合并。实验完毕，倒出柱中的中性氧化铝，并将色谱柱洗净，晾干。回收溶剂。

五、注 意 事 项

1. 色谱柱装填的紧密程度会影响分离效果。若柱中留有气泡或各部分松紧不均匀，会影响渗滤速率和分离效果。但如果装填太紧则会使流速太慢。

2. 色谱柱上端放石英砂或滤纸可防止加液时把吸附剂冲起来。

六、思 考 题

1. 柱色谱法怎样选择流动相？

2. 柱中留有空气或装填不均匀时，对分离效果有何影响？又该怎样避免？

实验二十　蔗糖溶液的旋光度测定

一、实 验 目 的

1. 了解旋光仪的原理及测定旋光性物质旋光度的意义。

2. 掌握旋光仪的操作方法。

二、实 验 原 理

糖类是重要的生命有机化合物之一，它不仅提供生命活动所需的能量，而且在生命过程中发挥着重要的生理功能。糖类分子中含有多个手性碳原子，具有旋光性和旋光异构现象。使用旋光仪可测定出糖溶液的旋光度，继而求出其浓度。

一个光学活性化合物具有使平面偏振光偏转的能力，其偏转能力可用比旋光度表示。如果旋光性物质为纯液体，比旋光度用下式表示：

$$[\alpha]_D^t = \frac{\alpha}{d \cdot l} \qquad (4\text{-}20\text{-}1)$$

如果为溶液，则为

$$[\alpha]_D^t = \frac{\alpha}{c \cdot l} \qquad (4\text{-}20\text{-}2)$$

式中，$[\alpha]_D^t$ 是指某一光学活性物质在 t℃时，在钠光谱中 D 线（589.3 nm）下的比旋光度；α 为在旋光仪中直接观察到的旋转角度；l 为盛液管的长度（以 dm 为单位）；d 为被测液体的密度（$g \cdot mL^{-1}$）；c 为被测物质的质量浓度（$g \cdot mL^{-1}$）。

三、仪器和试剂

1. 仪器　圆盘旋光仪、容量瓶（50 mL）、刻度吸管（10 mL）等。

2. 试剂　0.4000 $g \cdot mL^{-1}$ 蔗糖溶液、蔗糖溶液（未知浓度）等。

四、实验内容

1. 溶液配制

（1）0.0200 $g \cdot mL^{-1}$ 的蔗糖溶液的配制：用 10 mL 刻度吸管准确移取 0.4000 $g \cdot mL^{-1}$ 的蔗糖溶液 2.50 mL，转移到 50 mL 容量瓶中，加蒸馏水稀释至刻度，摇匀，静置备用。

（2）0.0400 $g \cdot mL^{-1}$ 的蔗糖溶液的配制：用 10 mL 刻度吸管准确移取 0.4000 $g \cdot mL^{-1}$ 的蔗糖溶液 5.00 mL，转移到 50 mL 容量瓶中，加蒸馏水稀释至刻度，摇匀，静置备用。

（3）0.0600 $g \cdot mL^{-1}$ 的蔗糖溶液的配制：用 10 mL 刻度吸管准确移取 0.4000 $g \cdot mL^{-1}$ 的蔗糖溶液 7.50 mL，转移到 50 mL 容量瓶中，加蒸馏水稀释至刻度，摇匀，静置备用。

（4）0.0800 $g \cdot mL^{-1}$ 的蔗糖溶液的配制：用 10 mL 刻度吸管准确移取 0.4000 $g \cdot mL^{-1}$ 的蔗糖溶液 10.00 mL，转移到 50 mL 容量瓶中，加蒸馏水稀释至刻度，摇匀，静置备用。

2. 旋光度的测定

（1）选取 1 dm 盛液管，用蒸馏水洗净，然后盛满蒸馏水，不留气泡，旋上螺帽，以不漏水为限度。用软布擦干盛液管上的液滴，放入旋光仪中，旋转检偏镜，使三分视场的亮度一致，见图 4-20-1（2），记录刻度盘读数，重复 3 次，取平均值，即为空白对照值。

　(1) 大于（或）小于零度视场　　　　(2) 零度视场　　　　(3) 小于或大于零度的视场

图 4-20-1　旋光仪的三分视场

（2）用少量待测溶液润洗盛液管 2～3 次，盛放待测样品，以同上步骤从低至高浓度测定 4 个标准溶液。再测定未知浓度的蔗糖溶液。读数与空白对照值的差值即为被测物质的旋光度。

3. 结果处理

（1）蔗糖的比旋光度的计算：将质量浓度为 0.0200 $g \cdot mL^{-1}$、0.0400 $g \cdot mL^{-1}$、0.0600 $g \cdot mL^{-1}$ 和 0.0800 $g \cdot mL^{-1}$ 蔗糖溶液的旋光度对质量浓度 c 作图，所得直线斜率为蔗糖的比旋光度 $[\alpha]_D^t$。

（2）未知浓度蔗糖溶液的浓度计算：根据实际测定的未知浓度蔗糖溶液的旋光度值及上述由实验测定的蔗糖的比旋光度值即可计算出该蔗糖溶液的浓度。

五、注意事项

1. 将装满蒸馏水的盛液管放入旋光仪中，旋转视度调节旋钮，直到三分视场变得清晰，达到聚焦为止,不可大幅度调节度盘手轮。

2. 以同样步骤使用同一盛液管从低至高浓度测定其他各样品。

六、思 考 题

1. 影响物质比旋光度的因素有哪些?

2. 测定旋光度应注意哪些事项?

第五章 综合设计性实验

实验一 由海盐制备药用氯化钠及限度检查

一、实验目的

1. 学习由海盐制备药用氯化钠的原理和方法。

2. 掌握称量、溶解、加热、沉淀、过滤、调 pH、蒸发、结晶、重结晶等基本操作。

3. 学习药品质量检验的方法。

二、实验原理

氯化钠是食盐的主要成分，是人们生活中最常用和最重要的一味调味品。此外，氯化钠还是人体组织中的一种基本成分，对保证机体正常的生理、生化活动和功能起着重要作用。Na^+ 和 Cl^- 在体内最主要的作用是控制细胞、组织液和血液内的电解质平衡，以维持体液的正常流通和酸碱平衡。正常成人每天氯化钠的需要量和排出量为 3～9 g。

氯化钠为立方结晶或白色结晶性粉末，在水中易溶，在乙醇中几乎不溶。在医药中常见的制剂有 0.9% 氯化钠溶液（生理盐水）、氯化钠注射液和浓氯化钠注射液等。

本实验由海盐制备药用氯化钠。海盐中含有多种杂质，去除其中杂质的方法包括以下几个方面。

1. 可能含有的有机物可以通过爆炒炭化的方法除去。

2. 不溶性杂质采用过滤的方法除去。

3. 可溶性杂质根据其性质的不同借助于化学方法除去。

加入 $BaCl_2$ 溶液，使 SO_4^{2-} 生成 $BaSO_4$ 沉淀：

$$Ba^{2+} + SO_4^{2-} == BaSO_4\downarrow$$

加入 Na_2CO_3 溶液，使 Ca^{2+}、Fe^{3+}、Ba^{2+} 等离子生成碳酸盐或氢氧化物难溶性沉淀：

$$CO_3^{2-} + Ca^{2+} == CaCO_3\downarrow$$

$$3CO_3^{2-} + 2Fe^{3+} + 3H_2O == 2Fe(OH)_3\downarrow + 3CO_2$$

$$CO_3^{2-} + Ba^{2+} == BaCO_3\downarrow$$

加入 NaOH 溶液，使 Mg^{2+} 生成氢氧化物沉淀：

$$Mg^{2+} + 2OH^- == Mg(OH)_2\downarrow$$

加入 Na_2S 或 H_2S 溶液，使其他重金属离子生成硫化物沉淀：

$$M^{2+} + S^{2-} == MS\downarrow$$

4. 少量可溶性杂质，如 Br^-、I^-、K^+ 等，可利用溶解度的差别，在重结晶时，使之残留在母液中除去。

杂质的限度检查按照《中国药典》（2020 年版）规定的标准进行。例如，根据显色反应测定酸碱度；根据沉淀反应原理，样品管和标准管在相同条件下进行比浊试验，样品管不得比标准管浊度更浑，以检查杂质限量是否达标。

三、仪器和试剂

1. 仪器 电子天平、铁架台、布氏漏斗、吸滤瓶、铁圈、石棉网、煤气灯、蒸发皿、刮刀、烧杯、量筒、容量瓶、pH 试纸、刻度吸管等。

2. 试剂 海盐、25% $BaCl_2$ 溶液、0.2 mol·L^{-1} Na_2S 溶液、饱和 Na_2CO_3 溶液、6 mol·L^{-1} HCl 溶液、0.02 mol·L^{-1} HCl 溶液、3% 四苯硼钠溶液、溴麝香草酚蓝指示剂、2.0 mol·L^{-1} H_2SO_4 溶液、

$2 mol \cdot L^{-1}$ NaOH 溶液、$0.02 mol \cdot L^{-1}$ NaOH 溶液、$2.0 mol \cdot L^{-1}$ HAc 溶液、标准硫酸钾溶液等。

四、实验内容

1. 氯化钠的精制　称取海盐 25 g 于 500 mL 蒸发皿中，小火加热（用刮刀）炒至无爆裂声为止（注意：加热时，蒸发皿不能骤冷骤热，否则，蒸发皿容易炸裂）。稍冷，转移至 250 mL 烧杯中，加蒸馏水至 80 mL，再加热至沸腾，同时搅拌溶解。搅拌下滴加 25% $BaCl_2$ 溶液至不再有沉淀生成。记录所用溶液的体积。减压过滤，滤渣弃去。

向滤液中加入 $0.2 mol \cdot L^{-1}$ Na_2S 溶液 1 mL，充分搅拌后，逐滴加入饱和 Na_2CO_3 溶液至不再有沉淀生成（检查沉淀是否完全的方法同前），记录所用的饱和 Na_2CO_3 溶液的体积。用 $2 mol \cdot L^{-1}$ NaOH 溶液调节溶液 pH 为 10～11，记录所用 NaOH 溶液的体积。加热溶液至沸腾，放冷，减压过滤，滤渣弃去。

将滤液转移至蒸发皿中，用 $6 mol \cdot L^{-1}$ HCl 溶液将滤液的 pH 调至 3～4，记录所用 HCl 溶液的体积，滤液用小火加热蒸发、浓缩（注意要不断搅拌）至糊状黏稠，趁热减压过滤，得 NaCl 粗品。

将 NaCl 粗品转移至蒸发皿中，加适量的蒸馏水进行蒸发结晶。将所得的 NaCl 晶体转移至蒸发皿中，用小火慢慢烘干得到产品。计算产率。

2. 质量检测

（1）澄明度：称取 NaCl 晶体 5.0 g，加入新沸过的冷蒸馏水 25 mL 溶解，溶液为澄明。

（2）酸碱度：在澄明度检查完毕的溶液中加入蒸馏水 25 mL，溴麝香草酚蓝指示剂 2 滴。若溶液显黄色，用刻度吸管加入 $0.02 mol \cdot L^{-1}$ NaOH 0.10 mL，应变为蓝色；若溶液显绿色或蓝色，用刻度吸管加入 $0.02 mol \cdot L^{-1}$ HCl 0.20 mL，应变为黄色。

（3）钡盐：称取 NaCl 晶体 4.0 g，加入蒸馏水 20 mL，溶解后分成两等份。一份加入 $2.0 mol \cdot L^{-1}$ 的 H_2SO_4 溶液 1 mL，另一份加入蒸馏水 2 mL，静置 15 min 后观察，两液均应澄明。

（4）钾盐：称取 NaCl 晶体 5.0 g，加入蒸馏水 20 mL 溶解，再加入 $2.0 mol \cdot L^{-1}$ HAc 溶液 1 滴、3% 四苯硼钠溶液 2 mL，加蒸馏水至 50 mL，混匀；精密量取标准硫酸钾溶液 12.3 mL，按上述同样的操作配制成 50 mL 的对照液。两者比较，样品液不得比对照液更浑浊。

标准硫酸钾溶液的配制：准确称取在 105℃ 温度下干燥至恒重的硫酸钾 0.1814 g，于小烧杯中溶解后，转移到 1000 mL 容量瓶中，加蒸馏水至刻度，摇匀即得。该标准硫酸钾溶液每 1 mL 相当于 100 μg 的硫酸根离子。

五、注意事项

粗品减压过滤前，应尽量浓缩到黏稠状，使滤液尽量少。

六、思考题

1. 海盐中含有哪些杂质？分别可采用什么方法除去？

2. 在除去 Ca^{2+}、Mg^{2+}、SO_4^{2-} 等离子时，为什么要先加入 $BaCl_2$ 溶液，然后再加入 Na_2CO_3 溶液？加入次序是否可以交换？

3. 为什么不能采用重结晶法直接提纯氯化钠？

实验二　从海带中提取碘

一、实验目的

1. 了解从海带中提取碘的原理。

2. 掌握萃取富集的方法。

3. 了解分光光度法测定碘含量的方法。

二、实验原理

碘是人体生命活动中极为重要的微量元素之一，也是一种重要的工业原料，它主要存在于海水和海洋植物中。碘在海水中的含量极低，而海洋植物（如海带、马尾藻等）能够在很大程度上富集海水中的碘，日常应用的碘通常来自海带等海洋植物。据文献报道，海带中的碘含量一般多在 0.3% 以上，最高可达 0.7%～0.9%。我国海带碘含量多数为 0.5%。因此可以利用海带富集碘的特征提取碘。

工业上从海带提取碘的主要方法：离子交换法、空气吹出法、活性炭吸附法和碘化亚铜沉淀法等。

实验室常采用萃取法提取碘的原理：海带经灰化可去除有机物，同时也使有机碘变为无机碘形式，方便后续提取，然后选用合适的氧化剂（如 H_2O_2）把 I^- 氧化为碘，最后富集、萃取。

主要的方程式如下：

$$2I^- + H_2O_2 + 2H^+ =\!=\!= I_2 + 2H_2O$$

$$3I_2 + 6OH^- =\!=\!= 5I^- + IO_3^- + 3H_2O$$

分光光度法是常用的测定碘含量的分析方法。该方法的原理是碘与可溶性淀粉作用生成蓝色吸附配合物，该配合物最大吸收波长为 580 nm，依据吸光度与显色配合物浓度间的定量关系测定碘的浓度。

三、仪器和试剂

1. 仪器　刷子、烧杯、试管、坩埚、坩埚钳、三脚架、石棉网、酒精灯、量筒、分光光度计、长颈漏斗、分液漏斗、容量瓶（100 mL）、分光光度计、刻度吸管（10 mL）等。

2. 试剂　干海带、3% H_2O_2 溶液、2 mol·L^{-1} HCl 溶液、2 mol·L^{-1} NaOH 溶液、乙醇、1% 淀粉溶液、CCl_4（AP）、0.2 g·L^{-1} KI 标准溶液等。

四、实验内容

1. 海带中碘的提取

（1）称取 3 g 干海带，用刷子刷净海带表面附着物（不能用水洗）。将海带剪碎，用乙醇润湿后，置于坩埚中。

（2）用酒精灯灼烧盛有海带的坩埚，至海带完全成灰，停止加热，放冷。

（3）将海带灰转移到烧杯中，加入 10 mL 蒸馏水，搅拌，煮沸 2～3 min，使可溶物溶解，冷却，减压过滤。

（4）向滤液中滴入几滴 2 mol·L^{-1} HCl 溶液，再加入约 2 mL 3% H_2O_2 溶液，观察现象。取少量上述滤液，加入几滴 1% 淀粉溶液，观察现象。

（5）将剩余滤液转移到分液漏斗中，加入 4 mL CCl_4，振荡，静置，分离。

（6）向 CCl_4 溶液中加入 2 mol·L^{-1} NaOH 溶液 4 mL，振荡，静置，分离。回收 CCl_4 层。水层转移至 100 mL 容量瓶中，定容，备用。

2. 含量测定

（1）标准曲线的绘制：分别移取 0.2000 g·L^{-1} KI 标准溶液 3.00 mL、4.00 mL、5.00 mL、6.00mL、7.00 mL 和 8.00 mL 于 100mL 容量瓶中，加入 1 mL 2 mol·L^{-1} HCl 溶液酸化，2 min 后加 2.5 mL 3% H_2O_2 溶液、1 mL 1% 淀粉溶液，定容，摇匀。10 min 后，测定 580 nm 波长下的吸光度，绘制标准曲线。

（2）海带碘提取液中碘含量测定：移取 20.00 mL 上述海带提取液于 100 mL 容量瓶中，按照标准曲线制备项下的方法，测定 580 nm 波长下的吸光度。

根据测定结果计算海带中碘的提取率。

五、注意事项

1. 海带灼烧采用酒精灯，不采用煤气灯。

2. 萃取时不宜过于剧烈，以防止乳化。

3. 含量测定宜采用棕色容量瓶。

六、思考题

试分析影响海带中碘提取率的主要因素有哪些？

实验三　海水中亚硝酸盐的测定

一、实验目的

1. 了解海水中亚硝酸盐含量测定的原理。

2. 掌握分光光度法测定亚硝酸盐的方法。

二、实验原理

亚硝酸盐是五级氮化合物之一，它是氮元素被氧化为 NO_3-N 和还原为 NH_4-N 的中间产物，不稳定。亚硝酸盐通常以其亚硝酸根中的氮原子来计量，用符号 NO_2-N 表示，单位为 $\mu mol \cdot L^{-1}$。

在酸性条件下，水样中的 NO_2-N 与磺胺反应，形成重氮化合物，继而再与 α-萘乙二胺偶联，形成重氮–偶氮化合物（红色染料），其最大吸收波长为 540 nm。

三、仪器和试剂

1. 仪器　容量瓶（100 mL）、刻度吸管（5 mL）、比色管（25 mL）、长颈漏斗、漏斗架、分光光度计、比色皿等。

2. 试剂　海水、1% 磺胺溶液、0.1% α-萘乙二胺溶液、10.00 $\mu mol \cdot mL^{-1}$ 亚硝酸钠标准溶液等。

四、实验内容

1. 配制标准溶液　准确移取储备的亚硝酸钠标准溶液 0.50 mL 于 100 mL 容量瓶中，用去离子水稀释到刻度线，混匀，浓度为 0.050 $\mu mol \cdot mL^{-1}$。

2. 绘制标准曲线　分别移取标准溶液 0.00 mL、0.50 mL、1.00 mL、1.50 mL、2.00 mL、3.00 mL 于 50 mL 比色管中，加去离子水至 50 mL，依次加入 1 mL 磺胺溶液，混匀。1 min 后，加 1 mL α-萘乙二胺溶液，混匀，15 min 后以去离子水为参比液，在 540 nm 波长处测定各个溶液的吸光度，绘制标准曲线。

3. 海水含量测定　取 50 mL 经过滤的海水样品于 50 mL 比色管中，加 1 mL 磺胺溶液，混匀。1 min 后，加 1 mL α-萘乙二胺溶液，15 min 后，以去离子水（蒸馏水）做参比液，测定溶液的吸光度。

根据测定结果，通过标准曲线计算海水中亚硝酸盐的含量。

五、注意事项

1. 水样取上来后应立即测定，如不能，需要冷冻保存。

2. 实验所用玻璃仪器需要用洗液洗涤。

实验四　从桉叶中提取具有驱蚊作用的挥发油

一、实验目的

1. 了解水蒸气蒸馏的原理及应用。

2. 掌握水蒸气蒸馏的操作方法。

二、实验原理

在难溶或不溶于水的有机物中通入水蒸气或与水一起共热,使有机物随水蒸气一起蒸馏出来,这种操作称为水蒸气蒸馏。根据道尔顿分压定律,这时混合物的蒸气压应该是各组分蒸气压之和,即

$$P_总=P_水+P_A \tag{5-4-1}$$

式中,$P_总$中是混合物总蒸气压;$P_水$为水的蒸气压;P_A是不溶或难溶于水的有机物蒸气压。

当$P_总$等于1个大气压时,该混合物开始沸腾,显然,混合物的沸点低于任何一个组分的沸点,即该有机物在比其正常沸点低得多的温度下,可被蒸馏出来。

工业上常用水蒸气蒸馏的方法从植物组织中获取挥发性成分,这些挥发性成分的混合物统称精油,大都具有令人愉快的香味。柠檬桉油驱蚊液是一种天然的驱蚊液,其中起主要驱蚊作用的是孟二醇,结构见图5-4-1,由于其安全、环保且对人体无害,气味清新,是唯一被美国疾病控制中心认可的植物源驱蚊成分。柠檬桉油主要存在于柠檬桉叶中,其含量在1.00%～2.12%。

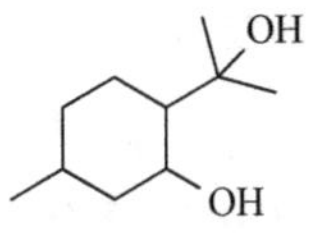

图 5-4-1 孟二醇

三、仪器和试剂

1. 仪器 圆底烧瓶(500 mL)、挥发油提取装置、球形冷凝管、煤气灯等。
2. 试剂 柠檬桉叶、蒸馏水等。

四、实验内容

安装挥发油提取装置(图5-4-2),将40 g柠檬桉叶,弃去叶柄,剪碎投入500 mL的圆底烧瓶中,加入约350 mL蒸馏水,煤气灯加热至沸腾,保持沸腾至挥发油测定管里约有1 mL油状物,停止加热,收集油状物。

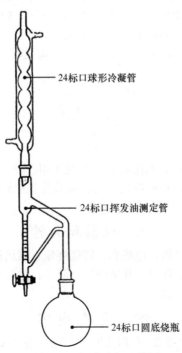

图 5-4-2 挥发油提取装置

五、注意事项

1. 柠檬桉叶比较硬，要去掉叶柄。

2. 沸腾不可太剧烈，有气泡冒出即可。

六、思 考 题

1. 能进行水蒸气蒸馏的物质必须具备哪几个条件？

2. 水蒸气蒸馏的主要用途有哪些？

实验五　从茶叶中提取具有抗疲劳作用的咖啡碱

一、实 验 目 的

1. 了解索氏提取器的原理和使用方法。

2. 了解从植物中提取生物碱的方法。

3. 掌握索氏提取、浓缩、蒸发、升华等技术。

二、实 验 原 理

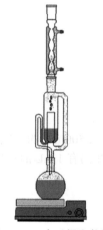

图 5-5-1　索氏提取装置

生物碱是自然界中广泛存在的一大类含氮有机化合物，大多具有较复杂的氮杂环结构，并具有生理活性和碱性，是许多中草药及药用植物的有效成分。提取生物碱的方法按操作可分为浸渍法、渗滤法、热回流法、索氏提取法和煎煮法等。本实验利用索氏提取法从茶叶中提取咖啡碱。

索氏提取法是利用溶剂回流及虹吸的原理，使固体物质连续不断地被纯的溶剂所萃取，因而效率较高。装置见图 5-5-1。

茶叶中含有多种生物碱，其中以咖啡碱为主，占 1%～5%，另外，还含有单宁酸（又称鞣酸）、色素、纤维素、蛋白质等。咖啡碱为近中性化合物，含结晶水的咖啡碱为无色针状晶体，无臭，味苦。1 g 咖啡碱常温下能分别溶解在三氯甲烷 5.5 mL、水 46 mL、丙酮 50 mL、乙醇 66 mL 中。在 100℃即失去结晶水，并开始升华，120℃时升华显著，至 178℃时升华很快。无水咖啡碱熔点为 234.5℃。

咖啡碱是嘌呤衍生物，其结构式如下：

$$\text{H}_3\text{C}-\text{N} \cdots \text{CH}_3 \text{（结构式）}$$

为了提取茶叶中的咖啡碱，往往利用适当的溶剂（如乙醇等）在索氏提取器中连续提取，然后蒸去溶剂，浓缩即得粗提取物。粗提取物中还含有其他生物碱和杂质，再通过升华可得到较纯净的咖啡碱晶体。

三、仪 器 和 试 剂

1. 仪器　集热式恒温磁力搅拌器、电热套、圆底烧瓶、索氏提取器、蛇形冷凝管、蒸馏弯头、直形冷凝管、尾接管、接收瓶、蒸发皿、升华烧杯、漏斗、烘箱等。

2. 试剂　工业乙醇、氧化钙（CP）等。

四、实 验 内 容

1. 索氏提取　实验装置见图 5-5-2。称取茶叶末 10 g，将 10 cm×15 cm 滤纸卷成圆柱状，封闭底部，倒入茶叶，封闭上端制成茶叶包，放入 125 mL 索氏提取器中，再加入工业乙醇 130 mL，装好蛇形冷凝管，于 95℃ 水浴加热回流提取，待回流、虹吸 3 次后（每次时间在 15 min 左右），停止加热。

2. 浓缩、焙炒　取下蛇形冷凝管和索氏提取器，改为常压蒸馏装置回收提取液中大部分的乙醇，再将圆底烧瓶中的浓缩液倒入蒸发皿中，拌入氧化钙 2～3 g（起干燥和中和作用），在蒸气浴上蒸干溶剂，焙炒至细沙状，得到咖啡碱粗品。

3. 升华　实验装置见图 5-5-3。将粗品放入烘箱 110℃烘 30min 后，倒入定制烧杯中，将 1 张预先扎好小孔的滤纸压入烧杯上方，上面倒扣一个干燥的玻璃漏斗，漏斗中插入温度探头，控制加热套温度在 180℃左右，小心升华。当滤纸上出现许多白色针状晶体时，暂停加热，让其自然冷却至 100℃左右。小心取下漏斗，揭开滤纸，用刮刀将滤纸上和烧杯四周的咖啡碱晶体刮下并收集。

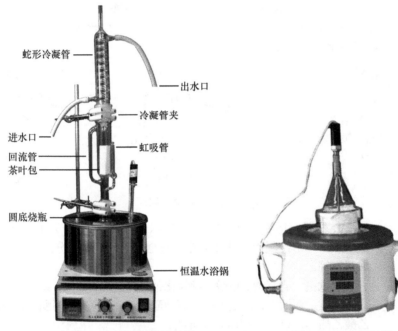

图 5-5-2　索氏提取实验装置　　　　　图 5-5-3　升华装置

五、注意事项

1. 茶叶包的大小既要紧贴器壁，又能方便取出，高度不超过虹吸管，要严防茶叶漏出。

2. 蒸馏浓缩溶剂时剩余浓缩液不可太少，否则不易倒出。

3. 在升华过程中，须始终严格控制温度，温度太高会使被烘物冒烟炭化，导致产品不纯和损失。

六、思考题

1. 用升华法提纯固体有什么优点和局限性？

2. 使用索氏提取装置和回流装置有何不同？

实验六　蒿甲醚的制备及纯化

一、实验目的

1. 理解青蒿素制备蒿甲醚的原理。

2. 掌握蒿甲醚的纯化方法。

二、实验原理

蒿甲醚（artemether）是青蒿素的醚类衍生物，其抗疟活性是青蒿素的 6 倍。蒿甲醚不仅速效、低毒，而且在油中的溶解度比青蒿素大，更利于制备制剂。蒿甲醚存在 α 和 β 两种差向异构体，而起抗疟活性的主要是 β-异构体，因此制备 β-异构体具有重要意义。

α-蒿甲醚　　　　　　　　　β-蒿甲醚

蒿甲醚的制备是以萜类化合物青蒿素为原料，与硼氢化钠反应将羰基还原为羟基，生成中间体双氢青蒿素，再经甲基化反应制得。

青蒿素　　　　　　　　双氢青蒿素　　　　　　　　蒿甲醚

三、仪器和试剂

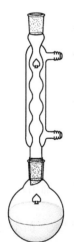

1. 仪器　集热式恒温加热搅拌器、真空泵、电子天平、真空干燥箱、圆底烧瓶、球形冷凝管、砂芯漏斗、安全瓶、铁架台、分液漏斗、薄层喷雾器、展开缸等。

2. 试剂　青蒿素、甲醇、硼氢化钠、浓盐酸、乙酸、氯化钠、无水硫酸钠、二氯甲烷、蒸馏水、三氟乙酸、石油醚（60～90℃）、丙酮、香草醛、浓硫酸、乙酸乙酯等，以上试剂均为分析纯。

四、实验内容

1. 双氢青蒿素的合成　称取青蒿素 5.0 g 加至 500 mL 圆底烧瓶中，加入 100 mL 甲醇，搅拌使其充分溶解，在 15～20 min 内分批加入硼氢化钠固体 5.0 g，控制反应温度在 0～5℃，搅拌反应 1 h（图 5-6-1）。滴加乙酸 3 mL，调节 pH 至 7，加入 200 mL 饱和氯化钠水，0～5℃下搅拌反应 2 h，减压过滤（图 5-6-2）得到白色固体。

图 5-6-1　回流装置

　将 200 mL 蒸馏水加入白色固体中，搅拌 30 min 除去其中的盐，减压过滤得到白色固体，50℃真空干燥，得到中间体双氢青蒿素。

2. 蒿甲醚粗品的合成　称取 4.0 g 双氢青蒿素，加入 24 mL 甲醇和 48 mL 二氯甲烷，搅拌使其充分溶解，加入 1 mL 三氟乙酸，0℃下搅拌 5 min 后，40℃反应 1 h。以薄层色谱法监测反应完后，加入二氯甲烷 100 mL，蒸馏水 50 mL 萃取两次，有机层用无水硫酸钠干燥，浓缩得到油状物。加入石油醚析出白色固体，减压过滤，收集滤液，浓缩得到蒿甲醚粗品。

3. 蒿甲醚的精制　量取 6 mL 丙酮和 30 mL 蒸馏水，40℃加热，分 3～5 次加入直至正好溶解粗品，减压过滤。将滤液转移至 50 mL 烧杯中，0～5℃下结晶。减压过滤，洗涤得到 β–蒿甲醚晶体，50℃下真空干燥得精制 β–蒿甲醚。

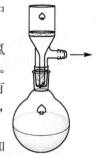

图 5-6-2　减压过滤装置

五、注意事项

1. 硼氢化钠要分批缓慢加入，以免反应过于剧烈。

2. 制备双氢青蒿素，冰浴时析出的固体不用特别处理，继续反应即可。

六、思考题

1. 简述混合溶剂重结晶的原理和操作。

2. 举例说明纯化固体有机物的常用方法。

实验七 外消旋 α-苯乙胺的拆分

一、实验目的

1. 掌握化学拆分法拆分外消旋化合物的原理和方法。

2. 掌握手性拆分的操作及应用。

3. 熟悉旋光仪的操作方法。

二、实验原理

肾上腺素受体激动剂是一类能使肾上腺素受体兴奋，产生肾上腺素样作用的药物，主要用于治疗事故性心搏骤停和过敏性休克等症。随着对该类药物的进一步研究，研究者逐渐认识到苯乙胺为该类药物的基本结构，进而发现了一系列对 α 受体和 β 受体具有较高选择性、性质稳定、作用强的类似物。由于手性药物消旋体中两种旋光异构体具有不同的药理特性，因此，通过手性试剂拆分此类外消旋体化合物得到单一构型的化合物有非常重要的意义。

拆分外消旋体最常用的方法是利用化学反应把对映体变为非对映体。如果手性化合物的分子中含有一个易于反应的拆分基团，如羧基或氨基等，就可以使它与一个纯的旋光化合物（拆解剂）反应，从而把一对对映体变成两种非对映体。由于非对映体具有不同的物理性质，如溶解性、结晶性等，利用重结晶等方法将它们分离、精制，然后再去除拆解剂，就可以得到纯的旋光化合物，从而达到拆分的目的。

本实验用 (+)–酒石酸为拆分剂，它与外消旋 α–苯乙胺形成非对映异构体的盐。其反应如下：

由于 (−)–α–苯乙胺·(+)–酒石酸盐比另一种非对映体的盐在甲醇中的溶解度小，故可从溶液中结晶析出，经稀碱处理使 (−)–α–苯乙胺游离出来。

三、仪器与试剂

1. 仪器 集热式恒温加热搅拌器、旋转蒸发仪、锥形瓶、球形冷凝管、布氏漏斗、吸滤瓶、安全瓶、分液漏斗等。

2. 试剂 外消旋 α–苯乙胺、(+)–酒石酸（AP）、无水甲醇（AP）、乙醚（AP）、50% NaOH 溶液、无水硫酸钠（AP）等。

四、实 验 内 容

1. 非对映异构体的制备　在装有 50 mL 甲醇的锥形瓶中加入 (+)-酒石酸 3.8 g，60℃加热搅拌使其溶解，然后加入外消旋 α-苯乙胺 3.0 g，继续搅拌 15 min，完全溶解后室温放置，将烧瓶塞住，等待析出白色棱状晶体。若无晶体析出需要稍加振荡。析晶完全后减压过滤，可得到白色晶体和滤液，再对晶体和滤液分别处理。洗涤干燥晶体，得到 (+)-酒石酸-(−)-α-苯乙胺盐，烘干，称量并计算产率。

2. 外消旋体的分离

（1）(S)-(−)-α-苯乙胺的制备：将晶体溶于 10 mL 蒸馏水中，搅拌溶解，加入 50% NaOH 溶液 2 mL，固体溶解充分后，将溶液转入 50 mL 分液漏斗中，使用 10 mL 乙醚萃取，重复 3 次，合并乙醚溶液。使用无水硫酸钠干燥乙醚溶液。干燥后的乙醚溶液转移至预先称重的 50 mL 圆底烧瓶中，蒸馏除去乙醚，称重即得到 (S)-(−)-α-苯乙胺的质量（为液体）。

（2）(R)-(+)-α-苯乙胺的制备：使用旋转蒸发（50℃）或者水浴加热的方式浓缩滤液，得到白色偏黄色固体，加入 10 mL 蒸馏水，再加入 50% NaOH 溶液 2 mL，固体溶解充分后转入 50 mL 分液漏斗中，使用 10 mL 乙醚萃取，重复用乙醚提取 3 次，合并乙醚萃取液。使用无水硫酸钠干燥乙醚溶液。蒸馏除去乙醚，得到无色透明油状物 (R)-(+)-α-苯乙胺的粗品。

3. 旋光度的测定　纯的 (S)-(−)-α-苯乙胺比旋光度为 −39.5°；(R)-(+)-α-苯乙胺比旋光度为 +39.5°，密度为 0.939 5 g·mL^{-1}。直接上述拆分得到的 (S)-(−)-α-苯乙胺的测旋光度，计算拆分后单个化合物的光学纯度：

$$光学纯度 = [\alpha]_{测}/[\alpha]_{标准} \times 100\% \tag{5-7-1}$$

五、思 考 题

1. 说明本实验拆分外消旋 α-苯乙胺的机制。

2. 手性拆分有哪几种手段？请结合药学、有机化学知识举例说明外消旋体拆分的意义。

实验八　硫酸亚铁铵的制备及产品检验

一、实 验 目 的

1. 了解复盐的一般制备方法。

2. 掌握蒸发、浓缩、结晶和减压过滤等操作。

3. 掌握用目测比色法检验产品质量的方法。

二、实 验 原 理

复盐是由两种金属离子（或铵根离子）和一种酸根离子构成的盐。使两种简单盐的混合饱和溶液结晶，可以制得复盐。等物质的量的硫酸亚铁与硫酸铵在水溶液中相互作用，可生成溶解度较小的复盐硫酸亚铁铵。

$$FeSO_4 + (NH_4)_2SO_4 + 6H_2O \Longrightarrow FeSO_4 \cdot (NH_4)_2SO_4 \cdot 6H_2O$$

$FeSO_4 \cdot (NH_4)_2SO_4 \cdot 6H_2O$ 为浅绿色单斜晶体，又称摩尔盐，易溶于水，难溶于乙醇，它比一般亚铁盐稳定，在空气中不易被氧化，分析化学中可以作为氧化还原滴定的基准物质。

硫酸亚铁在中性溶液中能被溶于水中的少量氧气氧化，并进而与水作用，甚至析出棕黄色的碱式硫酸铁（或氢氧化铁）沉淀。如果溶液的酸性较弱，则亚铁盐（或铁盐）中的 Fe^{2+} 与水作用的程度将会增大。因此，在制备硫酸亚铁铵的过程中，为了抑制 Fe^{2+} 与水的作用，溶液需要保持足够的酸度。

由于 Fe^{3+} 与 SCN^- 能生成红色配合物 $[Fe(SCN)_n]^{3-n}$，因此可用目测比色法估计产品中所含杂质 Fe^{3+} 的量。当红色较深时，表明产品中含 Fe^{3+} 较多；反之，表明产品中含 Fe^{3+} 较少。将制得的硫酸亚铁铵晶体与KSCN在比色管中配制成待测溶液，与标准 $[Fe(SCN)_n]^{3-n}$ 溶液进行比色，即可粗略得出待测溶液的浓度，从而确定产品等级。

三、仪器和试剂

1. 仪器 电子天平、集热式恒温加热搅拌器、循环水真空泵、蒸发皿、布氏漏斗、吸滤瓶、表面皿、刻度吸管（10 mL）、比色管（25 mL）等。

2. 试剂 $FeSO_4 \cdot 7H_2O$（AP）、$(NH_4)_2SO_4$（AP）、3 mol·L^{-1} H_2SO_4 溶液、2.0 mol·L^{-1} HCl 溶液、1.0 mol·L^{-1} KSCN 溶液、0.0100 mg·mL^{-1} Fe^{3+} 标准溶液、无水乙醇等。

四、实验内容

1. 硫酸亚铁铵的制备 称取 $FeSO_4 \cdot 7H_2O$ 9.60 g 于烧杯中，加 10 滴 3 mol·L^{-1} H_2SO_4 溶液，用 20 mL 水溶解。称取 $(NH_4)_2SO_4$ 4.56 g 于另一烧杯中，用 6 mL 去离子水溶解。将上述两溶液混合至蒸发皿中，80℃水浴加热蒸发、浓缩至溶液表面刚出现结晶膜为止（蒸发过程中不宜搅动）。静置，使其自然冷却至室温，即有硫酸亚铁铵晶体析出。减压过滤后，晶体用少量无水乙醇淋洗（以除去表面水分），继续减压过滤至无液滴滴下。将晶体取出，用滤纸吸干后称重，观察晶体颜色，计算理论产量及产率。

2. 产品检验：Fe^{3+} 的限量分析 标准溶液的配制：在 3 支 25 mL 比色管中，分别加入 0.0100 mg·mL^{-1} Fe^{3+} 标准溶液 5.00 mL、10.00 mL 和 20.00 mL，各加入 2.00 mL 2.0 mol·L^{-1} HCl 溶液和 1.00 mL 1.0 mol·L^{-1} KSCN 溶液，用新煮沸并冷至室温的去离子水稀释至刻度，摇匀，得到 3 个级别的 Fe^{3+} 标准溶液，25.00 mL 溶液中分别含 Fe^{3+} 为 0.05 mg、0.10 mg、0.20 mg，为Ⅰ级、Ⅱ级和Ⅲ级试剂中 Fe^{3+} 的最高允许含量。

称取 1.00 g 产品，放入 25 mL 比色管中，用上述去离子水溶解。加入 2.0 mol·L^{-1} HCl 溶液 2.00 mL 和 1.0 mol·L^{-1} KSCN 溶液 1.00 mL，用去离子水稀释至刻度，摇匀后与标准溶液进行比色，确定产品等级。

五、实验记录及结果

产品外观_____；产品质量____（g）；产率（%）____；产品等级____。

六、思 考 题

1. 为什么制备硫酸亚铁铵晶体时，溶液必须呈酸性？

2. 检验产品中 Fe^{3+} 含量时，为什么要用不含氧气的去离子水？硫酸亚铁铵制备过程中影响产品等级的因素有哪些？

实验九 阿司匹林的合成、精制与分析

一、实 验 目 的

1. 熟悉水杨酸的乙酰化反应机制；掌握阿司匹林（乙酰水杨酸）的制备方法。

2. 掌握阿司匹林混合溶剂重结晶的方法。

3. 设计一种或多种阿司匹林纯度鉴别的方法并实施。

二、实 验 原 理

乙酸酐在酸性条件下酰化水杨酸分子中的酚羟基，完成羟基上的乙酰化。

三、仪器和试剂

1. 仪器 集热式恒温加热搅拌器、烘箱、水浴锅、熔点仪、布氏漏斗、吸滤瓶、锥形瓶、滴定管、展开缸等。

2. 试剂 水杨酸（AP）、乙酸酐（AP）、浓硫酸（AP）、5% $FeCl_3$ 溶液、无水乙醇、50% 乙醇溶液等。

四、实验内容

1. 制备 称取水杨酸 5 g（0.036 mol），置于 100 mL 锥形瓶中，加入乙酸酐 7 mL（0.073 mol）、浓硫酸 3 滴。充分振摇，在 50～60℃ 水浴锅中振摇 10 min 后，冷却，待晶体析出后加蒸馏水 75 mL，用玻璃棒轻轻搅拌，继续冷却至阿司匹林结晶完全，减压过滤，滤饼用蒸馏水 15 mL 分两次快速洗涤，抽干后得阿司匹林粗品。

2. 精制 将粗品移至 250 mL 锥形瓶中，加入无水乙醇 13～15 mL，于 50～60℃ 水浴中加热溶解。另取 40 mL 蒸馏水于 100 mL 锥形瓶中预热至 60℃，将热蒸馏水逐步倒入乙醇溶液中。这时如有固体析出则加热使之溶解，放置，自然冷却，慢慢析出针状结晶，减压过滤，滤饼用 50% 乙醇溶液 5 mL 洗涤，抽干，得晶体，置于表面皿上，放入烘箱 60℃ 干燥。

3. 纯度鉴别 根据所学知识设计一种或多种方法来鉴别产品的纯度，如薄层色谱、熔点测定、颜色反应等。

4. 含量测定 根据《中国药典》（2020 年版）一部阿司匹林含量测定方法进行分析。

五、注意事项

1. 乙酰化反应所用仪器、量具必须干燥。

2. 水杨酸完全溶解，溶液澄明时开始计时。

3. 称重并计算产率。

六、思 考 题

1. 乙酰化反应时仪器为什么需要干燥？

2. 在精制过程中有哪些需要注意的事项？

实验十 氨基酸金属配合物的制备及组成分析

一、实验目的

1. 了解氨基酸金属配合物，如氨基酸锌、氨基酸铜等的制备方法。

2. 掌握氨基酸配合物中金属含量的测定方法。

3. 学习自主设计实验的一般方法。

二、实验背景

锌是人体中必需的微量元素，具有极其重要的生物功能，主要表现为能增强机体免疫功能、加速创伤组织的愈合和再生、与智力发育密切相关等。缺锌不仅会影响生长发育，还可能导致多种疾病。因此，锌添加剂的研究一直受到人们重视。

氨基酸作为蛋白质的基本结构单元，在人体中有着非常重要的生理作用。氨基酸锌为螯合物，Zn（Ⅱ）与氨基酸中氨基 N 原子形成配位键，同时与羧基 O 原子形成五元环或六元环螯合物。氨基酸锌具有以下特点：金属与氨基酸形成的环状结构使分子内电荷趋于中性，在体内 pH 条件下溶解性好，容易被吸收，不损害肠胃，生物利用度高；化学稳定性和热稳定性好；流动性好，与其他物质易混合，不结块，易于储存；补锌的同时也补充氨基酸，具有很好的配伍性。

氨基酸锌配合物可通过锌离子与氨基酸在一定条件下反应制得。作为锌离子的原料可以是金属锌、硫酸锌、氧化锌、乙酸锌、碳酸锌、高氯酸锌、氢氧化锌等；氨基酸一般是 α-氨基酸，包括单一氨基酸和复合氨基酸。目前有水体系合成法、非水体系合成法、干粉体系合成法、电解合成法、相平衡合成法等几种制备方法。

三、仪器和试剂

请根据所设计的实验方案提出所需要的仪器和试剂。

四、实验要求

1. 请使用水体系合成法合成一种锌的氨基酸配合物（如甘氨基酸锌），并测定锌含量。

2. 查阅资料，制订合理的实验方案并交由指导老师审核。

3. 独立完成实验，认真观察并做好实验记录，并与指导老师交流。

4. 实验结束，认真分析处理实验数据。对实验方案、实验过程及实验结果分析讨论，最后以小论文形式撰写实验报告。

五、思　考　题

1. 制备其他含锌药物，如葡萄糖酸锌和氧化锌的方法还有哪些？这些药物的药理作用与甘氨酸锌有何异同？

2. 氨基酸金属配合物药物可分为哪几种类型？常用于临床哪些疾病的治疗？

实验十一　苯巴比妥的合成、精制、结构确证和含量测定

一、实验目的

1. 了解苯巴比妥的制备原理及方法。

2. 掌握巴比妥类药物的性质及鉴别方法。

3. 掌握乙醇钠的制备和无水操作技术。

4. 熟悉苯巴比妥的结构确证方法。

5. 熟悉用银量法测苯巴比妥的含量。

二、实验背景

苯巴比妥（phenobarbital）又称鲁米那，属中枢神经系统药物，具有镇静、催眠、抗惊厥、抗癫痫作用，临床上主要用于烦躁不安、癫痫大发作、顽固性失眠症，以及高热、破伤风、脑炎等病引起的惊厥，属于国家二类精神药品，长期用药可成瘾，大剂量服用能抑制呼吸中枢而导致死亡。

苯巴比妥化学结构如下：

三、仪器和试剂

请根据所设计的实验方案提出所需要的仪器和试剂。

四、实验要求

1. 请以苯基乙基丙二酸二乙酯和尿素为原料，在乙醇钠催化下合成苯巴比妥，并对其进行结构确证及含量测定。

2. 查阅资料，制订合理的实验方案并交由指导老师审核。

3. 独立完成实验，认真观察并做好实验记录，并与指导老师交流。

4. 实验结束，认真分析处理实验数据。对实验方案、实验过程及实验结果分析讨论，最后以小论文形式撰写实验报告。

五、思　考　题

1. 醇钠制备技术的关键要点是什么？

2. 简述精制苯巴比妥的方法。

附　录

附录一　元素周期表

1	2	3	4	5	6	7	8	9	10	11	12	13	14	15	16	17	18
1 H hydrogen [1.0078, 1.0082]																	2 He helium 4.0026
3 Li lithium [6.938, 6.997]	4 Be beryllium 9.0122											5 B boron [10.806, 10.821]	6 C carbon [12.009, 12.012]	7 N nitrogen [14.006, 14.008]	8 O oxygen [15.999, 16.000]	9 F fluorine 18.998	10 Ne neon 20.180
11 Na sodium 22.990	12 Mg magnesium [24.304, 24.307]											13 Al aluminium 26.982	14 Si silicon [28.084, 28.086]	15 P phosphorus 30.974	16 S sulfur [32.059, 32.076]	17 Cl chlorine [35.446, 35.457]	18 Ar argon [39.792, 39.963]
19 K potassium 39.098	20 Ca calcium 40.078(4)	21 Sc scandium 44.956	22 Ti titanium 47.867	23 V vanadium 50.942	24 Cr chromium 51.996	25 Mn manganese 54.938	26 Fe iron 55.845(2)	27 Co cobalt 58.933	28 Ni nickel 58.693	29 Cu copper 63.546(3)	30 Zn zinc 65.38(2)	31 Ga gallium 69.723	32 Ge germanium 72.630(8)	33 As arsenic 74.922	34 Se selenium 78.971(8)	35 Br bromine [79.901, 79.907]	36 Kr krypton 83.798(2)
37 Rb rubidium 85.468	38 Sr strontium 87.62	39 Y yttrium 88.906	40 Zr zirconium 91.224(2)	41 Nb niobium 92.906	42 Mo molybdenum 95.95	43 Tc technetium	44 Ru ruthenium 101.07(2)	45 Rh rhodium 102.91	46 Pd palladium 106.42	47 Ag silver 107.87	48 Cd cadmium 112.41	49 In indium 114.82	50 Sn tin 118.71	51 Sb antimony 121.76	52 Te tellurium 127.60(3)	53 I iodine 126.90	54 Xe xenon 131.29
55 Cs caesium 132.91	56 Ba barium 137.33	57-71 lanthanoids	72 Hf hafnium 178.49(2)	73 Ta tantalum 180.95	74 W tungsten 183.84	75 Re rhenium 186.21	76 Os osmium 190.23(3)	77 Ir iridium 192.22	78 Pt platinum 195.08	79 Au gold 196.97	80 Hg mercury 200.59	81 Tl thallium [204.38, 204.39]	82 Pb lead 207.2	83 Bi bismuth 208.98	84 Po polonium	85 At astatine	86 Rn radon
87 Fr francium	88 Ra radium	89-103 actinoids	104 Rf rutherfordium	105 Db dubnium	106 Sg seaborgium	107 Bh bohrium	108 Hs hassium	109 Mt meitnerium	110 Ds darmstadtium	111 Rg roentgenium	112 Cn copernicium	113 Nh nihonium	114 Fl flerovium	115 Mc moscovium	116 Lv livermorium	117 Ts tennessine	118 Og oganesson

57 La lanthanum 138.91	58 Ce cerium 140.12	59 Pr praseodymium 140.91	60 Nd neodymium 144.24	61 Pm promethium	62 Sm samarium 150.36(2)	63 Eu europium 151.96	64 Gd gadolinium 157.25(3)	65 Tb terbium 158.93	66 Dy dysprosium 162.50	67 Ho holmium 164.93	68 Er erbium 167.26	69 Tm thulium 168.93	70 Yb ytterbium 173.05	71 Lu lutetium 174.97
89 Ac actinium	90 Th thorium 232.04	91 Pa protactinium 231.04	92 U uranium 238.03	93 Np neptunium	94 Pu plutonium	95 Am americium	96 Cm curium	97 Bk berkelium	98 Cf californium	99 Es einsteinium	100 Fm fermium	101 Md mendelevium	102 No nobelium	103 Lr lawrencium

附录二　我国通用试剂的分类及标志

类型	符号	标签、纯度	使用范围
一级试剂（即优级纯）	GR	绿色标签，99.8%	精密分析，亦可作基准物质
二级试剂（即分析纯）	AP	红色标签，99.7%	多数分析，如配制滴定液，用于鉴别及杂质检查等
三级试剂（即化学纯）	CP	蓝色标签，≥99.5%	工矿、日常生产分析
四级试剂（即实验纯）	LR		实验用辅助试剂（如发生或吸收气体、配制洗液等）
基准试剂	PT		容量分析的基准物质
光谱纯试剂	SP		光谱分析
色谱纯试剂	GC，LC		气相色谱、液相色谱分析
生物试剂			某些生物实验中
超纯试剂		≥99.99%	

附录三　化学危险品标识

健康危害

易燃品

有害物质

高压气体

腐蚀品

易爆品

氧化剂

环境污染品

剧毒物质

附录四 常用灭火器类型及适用范围

类型	种类	使用范围	备注
干粉灭火器	①碳酸氢钠灭火器 ②磷酸铵盐灭火器	液体火灾、可熔化的固体火灾、气体燃烧的火灾、带电火灾	
二氧化碳灭火器		适用于油脂、电器及其他较贵重的仪器着火时灭火	使用时，一手提着灭火器，一手应握在喷二氧化碳喇叭筒的把手上（不能手握喇叭筒！以免冻伤），打开开关，二氧化碳即可喷出
泡沫灭火器	两个容器，分别装碳酸氢钠溶液和硫酸铝	非大火通常不用，因喷出的泡沫污染严重，后处理较麻烦	使用时将筒身颠倒，两种溶液即反应生成硫酸氢钠、氢氧化铝及大量二氧化碳。灭火器筒内压力突然增大，大量二氧化碳泡沫喷出
卤代烃型灭火器	①手提式1211灭火器	可燃液体、气体、带电设备和一般物质起火灾的灭火	因这种灭火剂属多卤烃类，蒸气有毒，在密闭或狭小、通风不良的场所使用后，人应迅速撤离
	②四氯化碳灭火器	电器内或电器附近的火	不能在狭小和通风不良的实验室中使用，因四氯化碳在高温下能生成剧毒的光气，而且与金属钠接触会发生爆炸，除不得已外不用

附录五　常用酸、碱的相对密度和浓度

溶液	相对密度	质量分数/%	浓度	
			g·100 mL^{-1}	mol·L^{-1}
浓盐酸	1.19	37	44.0	12.0
共沸点盐酸（252 mL 浓盐酸加 200 mL 水，沸点 110℃）	1.10	20.2	22.2	6.1
10% 盐酸（234 mL 浓盐酸，加水稀释至 1000 mL）	1.05	10	10.5	2.8
5% 盐酸（50 mL 浓盐酸 + 380.5 mL 水）	1.03	5	5.2	1.4
1 mol·L^{-1} 盐酸（41.5 mL 浓盐酸，加水稀释至 500 mL）	1.02	3.6	3.6	1
共沸点氢溴酸（沸点 126℃）	1.49	47.5	70.7	8.8
共沸点氢碘酸（沸点 127℃）	1.7	57	97	7.6
浓硫酸	1.84	96	177	18
10% 硫酸（57 mL 浓硫酸，加水稀释至 1000 mL）	1.07	10	10.7	1.1
0.5 mol·L^{-1} 硫酸（13.9 mL 浓硫酸，加水稀释至 500 mL）	1.03	4.7	4.9	0.5
浓硝酸	1.42	71	101	16
10% 硝酸（105 mL 浓硝酸，加水稀释至 1000 mL）	1.05	10	10.5	1.6
冰醋酸	1.05	99.5	104	17
稀乙酸（60 mL 冰醋酸，加水稀释至 1000 mL）	1.06	59	62	1.05
高氯酸	1.72	74	127	13
浓氨水	0.90	26	23.4	15
10% 氨水（400 mL 浓氨水，加水稀释至 1000 mL）	0.96	9.8	9.4	5.5
饱和氢氧化钠溶液（81 g 氢氧化钠，加水溶解使成 100 mL）	1.56	52	81	20
10% 氢氧化钠（11.1 g 氢氧化钠，加水稀释至 100 mL）	1.11	10	11.1	2.8
氢氧化钠试液（4.3 g 氢氧化钠，加水溶解使成 100 mL）	1.04	4.1	4.3	1.1

附录六　常见弱酸、弱碱的离解常数

化合物	温度/℃	分步	K_a(或 K_b)	化合物	温度/℃	分步	K_a(或 K_b)
砷酸（H_3AsO_4）	25	1	6.3×10^{-8}	焦磷酸（$H_4P_2O_7$）	18	1	1.4×10^{-1}
		2	1.0×10^{-7}			2	3.2×10^{-2}
		3	3.2×10^{-12}			3	1.7×10^{-6}
亚砷酸（H_3AsO_3）	25		6×10^{-10}			4	6×10^{-9}
硼酸（H_3BO_3）	25		5.8×10^{-10}	过氧化氢（H_2O_2）	25	1	2.24×10^{-12}
碳酸（H_2CO_3）	25	1	4.30×10^{-7}	氢硫酸（H_2S）	18	1	9.1×10^{-8}
		2	5.61×10^{-11}			2	1.1×10^{-12}
甲酸（HCOOH）	25		1.7×10^{-4}	硫酸（H_2SO_4）	25	2	1.20×10^{-2}
乙酸（CH_3COOH）	25		1.75×10^{-5}	亚硫酸（H_2SO_3）	18	1	1.54×10^{-2}
氯乙酸（$ClCH_3COOH$）	25		1.36×10^{-3}			2	1.02×10^{-7}
丙酸（C_2H_5COOH）	25		1.34×10^{-5}	硒酸（H_2SeO_4）	25	2	1.2×10^{-2}
草酸（$H_2C_2O_4$）	25	1	5.9×10^{-2}	亚硒酸（H_2SeO_3）	25	1	3.5×10^{-3}
		2	6.4×10^{-5}			2	5×10^{-8}
铬酸（H_2CrO_4）	25	1	1.8×10^{-1}	硅酸（H_4SiO_4）	25	1	2.2×10^{-10}
		2	3.20×10^{-7}		25	2	2×10^{-12}
氢氰酸（HCN）	25		4.93×10^{-10}		30	3	1×10^{-12}
氢氟酸（HF）	25		3.53×10^{-4}			4	1×10^{-12}
次氯酸（HClO）	25		2.88×10^{-8}	苯甲酸（C_6H_5COOH）	25		6.25×10^{-5}
次溴酸（HBrO）	25		2.51×10^{-9}	邻苯二甲酸	25	1	1.29×10^{-3}
次碘酸（HIO）	25		2.29×10^{-11}	$[C_6H_4(COOH)_2]$		2	2.88×10^{-6}
碘酸（HIO_3）	25		1.69×10^{-1}	苯酚（C_6H_5OH）	25		1.02×10^{-10}
高碘酸（H_5IO_6）	18.5	1	2.3×10^{-2}	氨（$NH_3 \cdot H_2O$）	25		1.76×10^{-5}
		2	4×10^{-9}	羟胺（NH_2OH）	25		1.07×10^{-8}
		3	1×10^{-15}	联氨（NH_2NH_2）	25	1	3.0×10^{-6}
亚硝酸（HNO_2）	25		4.6×10^{-4}			2	7.6×10^{-15}
磷酸（H_3PO_4）	25	1	7.52×10^{-3}	甲胺（CH_3NH_2）	25		4.2×10^{-4}
		2	6.23×10^{-8}	苯胺（$C_6H_5NH_2$）	25		4.2×10^{-10}
		3	2.2×10^{-13}	六次甲基四胺	25		1.35×10^{-9}
亚磷酸（H_3PO_3）	18	1	1.0×10^{-2}	氢氧化钙 [$Ca(OH)_2$]	25	1	3.74×10^{-3}
		2	2.6×10^{-7}			2	4.0×10^{-2}

附录七　常见难溶电解质的溶度积常数

化合物	溶度积	化合物	溶度积	化合物	溶度积
$Ag_2[Co(NO_2)_6]$	8.5×10^{-21}	$CaC_2O_4 \cdot H_2O$	2.34×10^{-9}	$FePO_4$	1.3×10^{-22}
$Ag_2C_2O_4$	5.40×10^{-12}	$CaC_4H_4O_6 \cdot 2H_2O$	7.7×10^{-7}	$FePO_4 \cdot 2H_2O$	9.92×10^{-29}
$AgCN$	8.1×10^{-11}	$CaCO_3$	4.96×10^{-9}	FeS	6.3×10^{-18}
Ag_2CO_3	8.45×10^{-12}	$CaCrO_4$	7.1×10^{-4}	$Hg(OH)_2$	3.13×10^{-26}
$Ag_2Cr_2O_7$	2.0×10^{-7}	CaF_2	1.46×10^{10}	$Hg_2(CN)_2$	5×10^{-40}
Ag_2CrO_4	1.12×10^{12}	$CaHPO_4$	1.0×10^{-7}	$Hg(IO_3)_2$	2.0×10^{-14}
Ag_2S	6.3×10^{-50}	$CaSiO_3$	2.5×10^{-8}	$Hg_2(OH)_2$	2.0×10^{-24}
Ag_2SO_3	1.49×10^{-14}	$CaSO_3$	6.8×10^{-8}	$Hg_2(SCN)_2$	3.12×10^{-20}
Ag_2SO_4	1.20×10^{-5}	$CaSO_4$	7.10×10^{-5}	Hg_2Br_2	6.41×10^{-23}
Ag_3AsO_3	1×10^{-17}	$CaSO_4 \cdot 2H_2O$	1.3×10^{-4}	$Hg_2C_2O_4$	1.75×10^{-13}
Ag_3AsO_4	1.03×10^{-22}	$Cd(CN)_2$	1.0×10^{-8}	Hg_2Cl_2	1.45×10^{-18}
Ag_3PO_4	8.88×10^{-17}	$Cd(IO_3)_2$	2.49×10^{-8}	Hg_2CO_3	3.67×10^{-17}
$Ag_2[Fe(CN)_6]$	1.6×10^{-41}	$Cd(OH)_2$	5.27×10^{-15}	Hg_2CrO_4	2.0×10^{-9}
$AgBr$	5.35×10^{-13}	$Cd_2[Fe(CN)_6]$	3.2×10^{-17}	Hg_2F_2	3.10×10^{-6}
$AgBrO_3$	5.34×10^{-5}	$Cd_3(AsO_4)_2$	2.17×10^{-33}	Hg_2HPO_4	4.0×10^{-13}
$AgC_2H_3O_2$	1.94×10^{-3}	$Cd_3(PO_4)_2$	2.53×10^{-33}	Hg_2I_2	5.33×10^{-29}
$AgCl$	1.77×10^{-10}	$CdC_2O_4 \cdot 3H_2O$	1.42×10^{-8}	Hg_2S	1.0×10^{-47}
$AgCN$	5.97×10^{-17}	$CdCO_3$	6.18×10^{-12}	Hg_2SO_3	1.0×10^{-27}
AgI	8.51×10^{-17}	CdF_2	6.44×10^{-3}	Hg_2SO_4	7.99×10^{-7}
$AgIO_3$	3.17×10^{-8}	CdS	1.40×10^{-29}	HgC_2O_4	1.0×10^{-7}
AgN_3	2.8×10^{-9}	$Co(IO_3)_2 \cdot 2H_2O$	1.21×10^{-2}	HgI_2	2.82×10^{-29}
$AgNO_2$	3.22×10^{-4}	$Co(OH)_2$(粉红色)	1.09×10^{-15}	HgS	6.44×10^{-53}
$AgOH$	2.0×10^{-8}	$Co(OH)_2$(蓝色)	5.92×10^{-15}	$K_2[PdCl_6]$	6.0×10^{-6}
$AgSCN$	1.03×10^{-12}	$Co(OH)_3$	1.6×10^{-44}	$K_2[PtBr_6]$	6.3×10^{-5}
$AgSeCN$	4.0×10^{-16}	$Co_2[Fe(CN)_6]$	1.8×10^{-15}	$K_2[PtCl_6]$	7.48×10^{-6}
$Al(OH)_3[Al^{3+}, 3OH]$	1.3×10^{-33}	$Co_3(AsO_4)_2$	6.79×10^{-29}	$K_2Na[Co(NO_2)_6] \cdot H_2O$	2.2×10^{-11}
$Al(OH)_3 [H^+, AlO_2]$	1.6×10^{-13}	$Co_3(PO_4)_2$	2.05×10^{-35}	$KClO_4$	1.05×10^{-2}
$AlPO_4$	9.63×10^{-21}	CoC_2O_4	6.3×10^{-8}	$KHC_4H_4O_6$	3×10^{-4}
$As_2S_3 [2HAsO_2, 3H_2S]$	2.1×10^{-22}	$CoCO_3$	1.4×10^{-13}	KIO_4	8.3×10^{-4}
$Ba(IO_3)_2$	4.01×10^{-9}	$\alpha\text{-}CoS$	4.0×10^{-21}	Li_2CO_3	8.15×10^{-4}
$Ba(IO_3)_2 \cdot 2H_2O$	1.5×10^{-9}	$\beta\text{-}CoS$	2.0×10^{-25}	$Mg(IO_3)_2 \cdot 4H_2O$	3.2×10^{-3}
$Ba(IO_3)_2 \cdot H_2O$	1.67×10^{-9}	$\gamma\text{-}CoS$	3.0×10^{-26}	$Mg(OH)_2$	5.61×10^{-12}
$Ba(MnO_4)_2$	2.5×10^{-10}	$Cr(OH)_3$	6.3×10^{-31}	$Mg_3(PO_4)_2$	1.04×10^{-24}
$Ba(OH)_2$	5×10^{-3}	$CrAsO_4$	7.7×10^{-21}	$MgCO_3$	6.82×10^{-6}

续表

化合物	溶度积	化合物	溶度积	化合物	溶度积
$Ba(OH)_2 \cdot 8H_2O$	2.55×10^{-4}	CrF_3	6.6×10^{-11}	$MgCO_3 \cdot 3H_2O$	2.38×10^{-6}
$Ba_2P_2O_7$	3.2×10^{-11}	$Cu(IO_3)_2$	7.4×10^{-8}	$MgCO_3 \cdot 5H_2O$	3.79×10^{-6}
$Ba_3(AsO_4)_2$	8.0×10^{-51}	$Cu(IO_3)_2 \cdot H_2O$	6.94×10^{-8}	MgF_2	7.42×10^{-11}
BaC_2O_4	1.6×10^{-7}	$Cu_2[Fe(CN)_6]$	1.3×10^{-16}	$MgHPO_4 \cdot 3H_2O$	1.5×10^{-6}
$BaCO_3$	2.58×10^{-9}	$Cu_2P_2O_7$	8.3×10^{-16}	$Mn(IO_3)_2$	4.37×10^{-7}
$BaCrO_4$	1.17×10^{-10}	Cu_2S	2×10^{-27}	$Mn(OH)_2$	2.06×10^{-13}
BaF_2	1.84×10^{-7}	$Cu_3(AsO_4)_2$	7.93×10^{-36}	$Mn_2[Fe(CN)_6]$	8.0×10^{-13}
$BaHPO_4$	3.2×10^{-7}	$Cu_3(PO_4)_2$	1.39×10^{-37}	$Mn_3(AsO_4)_2$	1.9×10^{-29}
$BaSO_3$	8×10^{-7}	$CuBr$	6.27×10^{-9}	$MnC_2O_4 \cdot 2H_2O$	1.70×10^{-7}
$BaSO_4$	1.07×10^{-10}	CuC_2O_4	4.43×10^{-10}	$MnCO_3$	2.24×10^{-11}
$Bi(OH)_3$	4×10^{-31}	$CuCl$	1.72×10^{-7}	MnS	4.65×10^{-14}
Bi_2S_2	2×10^{-78}	$CuCN$	3.2×10^{-20}	$(NH_4)_2PtCl_6$	9.0×10^{-6}
$BaAsO_4$	4.43×10^{-10}	$CuCO_3$	1.4×10^{-10}	$Ni(IO_3)_2$	4.71×10^{-5}
$BaO(NO_2)$	4.9×10^{-7}	$CuCrO_4$	3.6×10^{-6}	$Ni(OH)_2$	5.47×10^{-16}
$BaO(NO_3)$	2.82×10^{-3}	CuI	1.27×10^{-12}	$Ni_2[Fe(CN)_6]$	1.3×10^{-15}
$BiOBr$	3.0×10^{-7}	$CuOH$	1×10^{-14}	$Ni_3(AsO_4)_2$	3.1×10^{-26}
$BiOCl [Bi^{3+}, Cl, 2OH]$	1.8×10^{-31}	CuS	1.27×10^{-36}	$Ni_3(PO_4)_2$	4.73×10^{-32}
$BiO(OH)$	4×10^{-10}	$CuSCN$	1.77×10^{-13}	NiC_2O_4	4×10^{-10}
$BiOSCN$	1.6×10^{-7}	$Fe(OH)_2$	4.87×10^{-17}	$NiCO_3$	1.42×10^{-7}
$BiPO_4$	1.3×10^{-23}	$Fe(OH)_3$	2.64×10^{-39}	$\alpha\text{-}NiS$	3×10^{-19}
$Ca(IO_3)_2$	6.47×10^{-6}	$Fe_2(P_2O_7)_3$	3×10^{-23}	$\beta\text{-}NiS$	1×10^{-24}
$Ca(IO_3)_2 \cdot 6H_2O$	7.54×10^{-7}	Fe_2S_3	1×10^{-88}	$\gamma\text{-}NiS$	2×10^{-26}
$Ca(OH)_2$	4.68×10^{-6}	$FeAsO_4$	5.7×10^{-21}	$Pb(Ac)_2$	1.8×10^{-3}
$Ca_3(PO_4)_2$	2.07×10^{-33}	$FeCO_3$	3.07×10^{-11}	$Pb(BO_2)_2$	1.6×10^{-36}
CaC_2O_4	1.46×10^{-10}	FeF_2	2.36×10^{-6}	$Pb(BrO_3)_2$	2.0×10^{-2}
$Pb(IO_3)_2$	3.68×10^{-13}	$Sb(OH)_3$	4.0×10^{-42}	$Zn(IO_3)_2$	4.29×10^{-6}
$Pb(OH)_2$	1.42×10^{-20}	Sb_2S_3	1.5×10^{-93}	$\gamma\text{-}Zn(OH)_2$	6.86×10^{-17}
$Pb(SCN)_2$	2.11×10^{-5}	$Sn(OH)_2$	1.4×10^{-28}	$\beta\text{-}Zn(OH)_2$	7.71×10^{-7}
$Pb_3(PO_4)_2$	8.0×10^{-43}	$Sn(OH)_4$	1×10^{-56}	$\varepsilon\text{-}Zn(OH)_2$	4.12×10^{-17}
$PbBr_2$	6.60×10^{-6}	SnS	1.0×10^{-25}	$Zn[Hg(SCN)_4]$	2.2×10^{-7}
PbC_2O_4	8.51×10^{-10}	SnS_2	2.5×10^{-27}	$Zn_2[Fe(CN)_6]$	4.0×10^{-16}
$PbCl_2$	1.17×10^{-5}	$Sr(IO_3)_2$	1.14×10^{-7}	$Zn_3(AsO_4)_2$	3.12×10^{-28}
$PbCO_3$	1.46×10^{-13}	$Sr(IO_3)_2 \cdot 6H_2O$	4.65×10^{-7}	$Zn_3(PO_4)_2$	9.0×10^{-33}
$PbCrO_4$	2.8×10^{-13}	$Sr(IO_3)_2 \cdot H_2O$	3.58×10^{-7}	ZnC_2O_4	2.7×10^{-8}
PbF_2	7.12×10^{-7}	$Sr(OH)_2$	3.2×10^{-4}	$ZnC_2O_4 \cdot 2H_2O$	1.37×10^{-9}
$PbHPO_4$	1.3×10^{-10}	$Sr_3(AsO_4)_2$	4.29×10^{19}	$ZnCO_3$	1.19×10^{-10}
PbI_2	8.49×10^{-9}	$Sr_3(PO_4)_2$	4.0×10^{-28}	$ZnCO_3 \cdot H_2O$	5.41×10^{-11}

化合物	溶度积	化合物	溶度积	化合物	溶度积
Pb(OH)Cl	2×10^{-14}	SrC_2O_4	5.61×10^{-7}	ZnF_2	3.04×10^{-2}
PbS	9.04×10^{-29}	$SrC_2O_4 \cdot H_2O$	1.6×10^{-7}	ZnS	2.93×10^{-25}
PbS_2O_3	4.0×10^{-7}	$SrCO_3$	5.60×10^{-10}	$\alpha\text{-ZnS}$	1.6×10^{-24}
$PbSO_4$	1.82×10^{-8}	SrF_2	4.33×10^{-9}	$\beta\text{-ZnS}$	2.5×10^{-22}
$Pd(SCN)_2$	4.38×10^{-23}	$SrSO_3$	4×10^{-8}	$ZnSeO_3$	2.6×10^{-7}
PtS	1×10^{-52}	$Zn(BO_2)_2 \cdot 2H_2O$	6.6×10^{-11}		

附录八　常见配合物的稳定常数

配体	金属离子	$\lg\beta_1$	$\lg\beta_2$	$\lg\beta_3$	$\lg\beta_4$	$\lg\beta_5$	$\lg\beta_6$
NH_3	Ag^+	3.24	7.05				
	Cd^{2+}	2.65	4.75	6.19	7.12	6.80	5.14
	Co^{2+}	2.11	3.74	4.79	5.55	5.73	5.11
	Co^{3+}	6.7	14.0	20.1	25.7	30.8	35.2
	Cu^+	5.93	10.86				
	Cu^{2+}	4.31	7.98	11.02	13.32	12.86	
	Hg^{2+}	8.8	17.5	18.5	19.28		
	Ni^{2+}	2.80	5.04	6.77	7.96	8.71	8.74
	Zn^{2+}	2.37	4.81	7.31	9.46		
Cl^-	Ag^+	3.04	5.04	5.04	5.30		
	Bi^{3+}	2.44	4.70	5.0	5.6		
	Cu^+	3.16	5.37	4.7	2.8		
	Fe^{3+}	1.48	2.13	1.99	0.01		
	Hg^{2+}	6.74	13.22	14.07	15.07		
	Pb^{2+}	1.62	2.44	1.70	1.60		
	Sb^{3+}	2.26	3.49	4.18	4.72		
	Sn^{2+}	1.51	2.24	2.03	1.48		
	Zn^{2+}	0.43	0.61	0.53	0.20		
CN^-	Ag^+		21.1	21.7	20.6		
	Cd^{2+}	5.48	10.60	15.23	18.78		
	Cu^+		24.0	28.59	30.30		
	Fe^{2+}						35
	Fe^{3+}						42
	Hg^{2+}				41.4		
	Ni^{2+}				31.3		
	Zn^{2+}				16.7		
F^-	Al^{3+}	6.11	11.15	15.00	17.75	19.37	19.84
	Fe^{3+}	5.28	9.30	12.06			
I^-	Ag^+	6.58	11.74	13.68			
	Bi^{3+}	3.63			14.95	16.80	18.80
	Cd^{2+}	2.10	3.43	4.49	5.41		
	Pb^{2+}	2.00	3.15	3.92	4.47		
	Hg^{2+}	12.87	23.82	27.60	29.83		

配体	金属离子	$\lg\beta_1$	$\lg\beta_2$	$\lg\beta_3$	$\lg\beta_4$
柠檬酸根	Ag^+	7.1(以 HL^{-3} 为配体)			
	Al^{3+}	20.0			
	Cd^{2+}	11.3			
	Co^{2+}	12.5			
	Cu^{2+}	14.2			
	Fe^{2+}	15.5			
	Fe^{3+}	25.0			
	Ni^{2+}	14.3			
	Zn^{2+}	11.4			
磺基水杨酸根	Al^{3+}	13.20	22.83	28.89	
	Cd^{2+}	16.68	29.08		
	Co^{2+}	6.13	9.82		
	Cr^{3+}	9.56			
	Cu^{2+}	9.52	16.45		
	Fe^{2+}	5.90	9.90		
	Fe^{3+}	14.64	25.18	32.12	
	Mn^{2+}	5.24	8.24		
	Ni^{2+}	6.42	10.24		
	Zn^{2+}	6.05	10.65		
酒石酸根	Bi^{3+}			8.30	
	Ca^{2+}		9.01		
	Cu^{2+}	3.2	5.11	4.78	6.51
	Fe^{3+}			7.49	
	Pb^{2+}			4.7	
	Zn^{2+}		8.32		
铬黑 T	Ca^{2+}	5.4			
	Mg^{2+}	7.0			
	Zn^{2+}	13.5	20.6		
乙二胺	Ag^+	4.70	7.70		
	Cd^{2+}	5.47	10.09	12.09	
	Co^{2+}	5.91	10.64	13.94	
	Co^{3+}	18.7	34.9	48.69	
	Cu^+		10.80		

配体	金属离子	$\lg\beta_1$	$\lg\beta_2$	$\lg\beta_3$	$\lg\beta_4$	$\lg\beta_5$	$\lg\beta_6$	配体	金属离子	$\lg\beta_1$	$\lg\beta_2$	$\lg\beta_3$	$\lg\beta_4$
$P_2O_7^{2-}$	Ca^{2+}	4.6						乙二胺	Cu^{2+}	10.64	20.00	21.0	
	Cu^{2+}	6.7	9.0						Fe^{2+}	4.34	7.65	9.70	
	Mg^{2+}	5.7							Hg^{2+}	14.3	23.3		
SCN^-	Au^+		23		42				Mn^{2+}	2.73	4.79	5.67	
	Ag^+		7.57	9.08	10.08				Ni^{2+}	7.52	13.80	18.06	
	Co^{2+}	0.04	0.70	0	3.00				Zn^{2+}	5.77	10.83	14.11	
	Cu^+		11.00	10.90	10.48			乙二胺四乙酸根	Ag^+	7.32			
	Fe^{3+}	2.95	3.36						Al^{3+}	16.3			
	Hg^{2+}		17.47		21.23				Ba^{2+}	7.86			
	Zn^{2+}	1.62							Bi^{3+}	27.94			
$S_2O_3^{2-}$	Ag^+	8.82	13.46	14.15					Ca^{2+}	10.69			
	Cu^+	10.35	12.27	13.71					Cd^{2+}	16.46			
	Hg^{2+}		29.86	32.26	33.61				Co^{2+}	16.31			
$C_2O_4^{2-}$	Al^{3+}	7.26	13.0	16.3					Co^{3+}	36			
	Co^{2+}	4.79	6.7	9.7					Cr^{3+}	23.4			
	Co^{3+}			~20					Cu^{2+}	18.80			
	Cu^{2+}	6.16	8.5						Fe^{2+}	14.32			
	Fe^{2+}	2.9	4.52	5.22					Fe^{3+}	25.1			
	Fe^{3+}	9.4	16.2	20.2					Hg^{2+}	21.7			
	Mn^{3+}	9.98	16.57	19.42					Mg^{2+}	8.7			
	Ni^{2+}	5.3	7.64	~8.5					Mn^{2+}	13.87			
Ac^-	Fe^{2+}	3.2	6.1	8.3					Pb^{2+}	18.04			
	Fe^{3+}	3.2							Sn^{2+}	22.11			
	Hg^{2+}		8.43						Sr^{2+}	8.73			
	Pb^{2+}	2.52	4.0	6.4	8.5				Zn^{2+}	16.50			

附录九　常用酸碱指示剂及其配制

指示剂	变色范围 pH	颜色		变色点 pH	浓度	用量/(滴·10 mL^{-1})
		酸式	碱式			
百里酚蓝	1.2～2.8	红	黄	1.65	0.1% 的 20% 乙醇溶液	1～2
甲基黄	2.9～4.0	红	黄	3.25	0.1% 的 90% 乙醇溶液	1
甲基橙	3.1～4.4	红	黄	3.45	0.05% 的水溶液	1
溴酚蓝	3.0～4.6	黄	紫	4.1	0.1% 的 20% 乙醇溶液或其盐的水溶液	1
溴甲酚绿	3.8～5.4	黄	蓝	4.9	0.1% 的乙醇溶液	1
甲基红	4.4～6.2	红	黄	5.1	0.1% 的 60% 乙醇溶液或其盐的水溶液	1
溴百里酚蓝	6.2～7.6	黄	蓝	7.3	0.1% 的 20% 乙醇溶液或其盐的水溶液	1
中性红	6.8～8.0	红	黄橙	7.4	0.1% 的 20% 乙醇溶液	1
酚红	6.7～8.4	黄	红	8.0	0.1% 的 20% 乙醇溶液或其盐的水溶液	1
酚酞	8.0～10.0	无	红	9.1	0.5% 的 90% 乙醇溶液	1～3
百里酚酞	9.4～10.6	无	蓝	10.0	0.1% 的 90% 乙醇溶液	1～2

附录十　常用混合指示剂及其配制

混合指示剂组成	变色点 pH	酸色	碱色	转变点
1 份 0.1% 甲基黄乙醇溶液 1 份 0.1% 亚甲基蓝乙醇溶液	3.25*	蓝紫	绿	-
1 份 0.1% 甲基橙水溶液 1 份 0.25% 靛蓝胭脂红水溶液	4.1	紫	绿	灰
1 份 0.02% 甲基橙水溶液 1 份 0.1% 溴甲酚绿钠盐水溶液	4.3	橙	蓝绿	浅绿
1 份 0.2% 甲基红乙醇溶液 3 份 0.1% 溴甲酚绿乙醇溶液	5.1*	酒红	绿	-
1 份 0.2% 甲基红乙醇溶液 1 份 0.1% 亚甲基蓝乙醇溶液	5.4	紫红	绿	灰蓝
1 份 0.1% 氯酚红钠盐水溶液 1 份 0.1% 溴甲酚绿钠盐水溶液	6.1	黄绿	蓝紫	浅蓝
1 份 0.1% 溴甲酚紫钠盐水溶液 1 份 0.1% 溴百里酚蓝钠盐水溶液	6.7	黄	蓝紫	紫
1 份 0.1% 中性红乙醇溶液 1 份 0.1% 亚甲基蓝乙醇溶液	7.0*	蓝紫	绿	-
1 份 0.1% 中性红乙醇溶液 1 份 0.1% 溴百里酚蓝乙醇溶液	7.2	玫红	绿	灰绿
1 份 0.1% 酚红钠盐水溶液 1 份 0.1% 溴百里酚蓝钠盐水溶液	7.5*	黄	紫	浅紫
1 份 0.1% 甲酚红钠盐水溶液 1 份 0.1% 百里酚蓝钠盐水溶液	8.3*	黄	紫	玫红
3 份 0.1% 酚酞乙醇溶液 1 份 0.1%α–萘酚酞乙醇溶液	8.9	浅玫色	紫	浅绿
3 份 0.1% 酚酞 50% 乙醇溶液 1 份 0.1% 百里酚蓝 50% 乙醇溶液	9.0*	黄	紫	绿
1 份 0.1% 酚酞乙醇溶液 1 份 0.1% 百里酚酞乙醇溶液	9.9	无	紫	玫红
1 份 0.1% 酚酞乙醇溶液 2 份 0.2% 尼罗蓝乙醇溶液	10.0*	蓝	红	紫
2 份 0.1% 百里酚酞乙醇溶液 1 份 0.1% 茜素黄乙醇溶液	10.2	黄	紫	-
2 份 0.2% 尼罗蓝水溶液 1 份 0.1% 茜素黄水溶液	10.8	绿	棕红	-

* 颜色变化敏锐。

附录十一　常用氧化还原指示剂及其配制

指示剂	颜色变化		配制	$\varphi^{\ominus}(V)[H^+]=1\ mol \cdot L^{-1}$
	Ox 色	Red 色		
靛蓝–磺酸盐	蓝色	无色	0.1% 水溶液	0.25
亚甲蓝	绿蓝	无色	0.1% 水溶液	0.36
甲基羊脂蓝	深蓝	无色	0.1% 水溶液	0.48
劳氏紫	紫色	无色	0.1% 水溶液	0.54
靛酚	红色	无色	0.1% 水溶液或乙醇溶液	0.65
二苯胺	紫色	无色	1% 浓硫酸溶液	0.76
甲基红	无色	红色	0.1% 水溶液	≈ 0.80
二苯胺磺酸钠	红紫	无色	0.2% 水溶液	0.84
喹啉蓝	橙色（酸性）	无色	0.1% 水溶液	0.95
邻二氮菲亚铁	淡蓝	红色	1.485 g 邻二氮菲及 0.695 g 硫酸亚铁溶于 100 mL 的水中	1.06
罗丹明 B	桔红	黄色	0.005 mol · L^{-1} 水溶液	≈ 1.1
丁二肟	黄绿	红色	0.1% 乙醇溶液	1.25

附录十二　常见金属离子指示剂及其配制

指示剂	pH 范围	颜色变化		直接滴定离子	封闭离子	掩蔽剂
		In	MIn			
铬黑 T	7～10	蓝	红	Mg^{2+}、Zn^{2+}、Cd^{2+}、Pb^{2+}、Mn^{2+}、稀土	Al^{3+}、Fe^{3+}、Cu^{2+}、Co^{2+}、Ni^{2+} Fe^{3+}	三乙醇胺 NH_4F
二甲酚橙	<6	亮黄	红紫	pH<1　ZrO^{2+} pH 1～3　Bi^{3+}、Th^{4+} pH 5～6　Zn^{2+}、Pb^{2+}、Cd^{2+}、Hg^{2+} 稀土	Fe^{3+} Al^{3+} Cu^{2+}、Co^{2+}、Ni^{2+}	NH_4F 反滴定法 邻二氮菲
PAN	2～12	黄	红	pH 2～3　Bi^{3+}、Th^{4+} pH 4～5　Cu^{2+}、Ni^{2+}		
钙指示剂	10～13	纯蓝	酒红	Ca^{2+}		同铬黑 T

附录十三　常用缓冲溶液的配制

序号	溶液名称	配制方法	pH
1	氯化钾-盐酸	13.0 mL 0.2 mol·L⁻¹ HCl 溶液与 25.0 mL 0.2 mol·L⁻¹ KCl 溶液混合均匀后，加水稀释至 100 mL	1.7
2	氨基己酸-盐酸	在 500 mL 水中溶解氨基己酸 150 g，加 480 mL 浓盐酸，再加水稀释至 1L	2.3
3	一氯乙酸-氢氧化钠	在 200 mL 水中溶解 2 g 一氯乙酸后，加 40 g NaOH，溶解完全后再加水稀释至 1 L	2.8
4	邻苯二甲酸氢钾-盐酸	把 25.0 mL 0.2 mol·L⁻¹ 邻苯二甲酸氢钾溶液与 6.0 mL 0.1 mol·L⁻¹ HCl 溶液混合均匀，加水稀释至 100 mL	3.6
5	乙酸钠-乙酸	称取 54.4 g 乙酸钠 (CH₃COONa·3H₂O)，溶于水，加 92 mL 乙酸（冰醋酸），稀释至 1000 mL	4.0
6	邻苯二甲酸氢钾-氢氧化钠	把 25.0 mL 0.2 mol·L⁻¹ 邻苯二甲酸氢钾溶液与 17.5 mL 0.1 mol·L⁻¹ NaOH 溶液混合均匀，加水稀释至 100 mL	4.8
7	六亚甲基四胺-盐酸	在 200 mL 水中溶解六亚甲基四胺 40 g，加 10 mL 浓盐酸，再加水稀释至 1 L	5.4
8	磷酸二氢钾-氢氧化钠	把 25.0 mL 0.2 mol·L⁻¹ 磷酸二氢钾溶液与 23.6 mL 0.1 mol·L⁻¹ NaOH 溶液混合均匀，加水稀释至 100 mL	6.8
9	磷酸二氢钾-氢氧化钠	取磷酸二氢钾 0.68g，加 0.1 mol·L⁻¹ NaOH 溶液 29.1ml，用水稀释至 100mL	7.0
10	硼酸-氯化钾-氢氧化钠	把 25.0 mL 0.2 mol·L⁻¹ 硼酸-氯化钾溶液与 4.0 mL 0.1 mol·L⁻¹ NaOH 溶液混合均匀，加水稀释至 100 mL	8.0
11	氯化铵-氨水	把 0.1 mol·L⁻¹ 氯化铵溶液与 0.1 mol·L⁻¹ 氨水以 2∶1 比例混合均匀	9.1
12	硼酸-氯化钾-氢氧化钠	把 25.0 mL 0.2 mol·L⁻¹ 的硼酸-氯化钾溶液与 43.9 mL 0.1 mol·L⁻¹ NaOH 溶液混合均匀，加水稀释至 100 mL	10.0
13	氨基己酸-氯化钠-氢氧化钠	把 49.0 mL 0.1 mol·L⁻¹ 氨基己酸-氯化钠溶液与 51.0 mL 0.1 mol·L⁻¹ NaOH 溶液混合均匀	11.6
14	磷酸氢二钠-氢氧化钠	把 50.0 mL 0.05 mol·L⁻¹ Na₂HPO₄ 溶液与 26.9 mL 0.1 mol·L⁻¹ NaOH 溶液混合均匀，加水稀释至 100 mL	12.0
15	氯化钾-氢氧化钠	把 25.0 mL 0.2 mol·L⁻¹ KCl 溶液与 66.0 mL 0.2 mol·L⁻¹ NaOH 溶液混合均匀，加水稀释至 100 mL	13.0

附录十四　常用化学试剂的配制

名称	配制方法	备注
盐酸	浓盐酸 496 mL, 加水稀释至 1000 mL	浓度 6 mol·L⁻¹
	浓盐酸 250 mL, 加水稀释至 1000 mL	浓度 3 mol·L⁻¹
	浓盐酸 167 mL, 加水稀释至 1000 mL	浓度 2 mol·L⁻¹
硝酸	浓硝酸 375 mL, 加水稀释至 1000 mL	浓度 6 mol·L⁻¹
	浓硝酸 127 mL, 加水稀释至 1000 mL	浓度 2 mol·L⁻¹
硫酸	浓硫酸 333 mL, 慢慢倒入 500 mL 水中, 并不断搅拌, 最后加水稀释至 1000 mL	浓度 6 mol·L⁻¹
	浓硫酸 167 mL, 慢慢倒入 500 mL 水中, 并不断搅拌, 最后加水稀释至 1000 mL	浓度 2 mol·L⁻¹
乙酸	浓乙酸 353 mL, 加水稀释至 1000 mL	浓度 6 mol·L⁻¹
	浓乙酸 118 mL, 加水稀释至 1000 mL	浓度 2 mol·L⁻¹
氨水	浓氨水 400 mL, 加水稀释至 1000 mL	浓度 6 mol·L⁻¹
	浓氨水 133 mL, 加水稀释至 1000 mL	浓度 2 mol·L⁻¹
氢氧化钠	氢氧化钠 250 g 溶于水中, 稀释至 1000 mL	浓度 6 mol·L⁻¹
	氢氧化钠 83 g 溶于水中, 稀释至 1000 mL	浓度 2 mol·L⁻¹
硫酸氢铵	硫酸氢铵 38 g 溶于水中, 稀释至 1000 mL	浓度 0.5 mol·L⁻¹
硝酸银	硝酸银 17 g 溶于水中, 稀释至 1000 mL	浓度 0.1 mol·L⁻¹
高锰酸钾	高锰酸钾 1.6 g 溶于水中, 稀释至 1000 mL	浓度 0.01 mol·L⁻¹
碘化钾	碘化钾 83 g 溶于水中, 稀释至 1000 mL	浓度 0.5 mol·L⁻¹
淀粉指示剂	取淀粉 0.5 g, 加冷蒸馏水 5 mL, 搅匀后, 缓缓倒入 100 mL 沸蒸馏水中, 边加边搅拌, 煮沸, 至稀薄的半透明液, 放置, 倾取上清液使用, 本液应临用新制	浓度 0.5%
碘化钾淀粉	取碘化钾 0.5 g, 加新制的淀粉指示剂 100 mL, 使溶解。本液配制 24 小时后即不适用。本液应临用新制	浓度 0.5%
硫化钠	称取 240 g Na₂S·9H₂O、40 g NaOH 溶于适量水中, 稀释至 1 L, 混匀	浓度 1 mol·L⁻¹
硫化铵	通 H₂S 于 200 mL 浓氨水中至饱和, 再加 200 mL 浓氨水, 最后加水稀释至 1 L, 混匀	浓度 3 mol·L⁻¹
氯化铁	称取 135.2 g FeCl₃·6H₂O 溶于 100 mL 6 mol·L⁻¹ HCl 溶液中, 加水稀释至 1 L	浓度 0.5 mol·L⁻¹
三氯化铬	称取 26.7 g CrCl₃·6H₂O 溶于 30 mL 6 mol·L⁻¹ HCl 溶液中, 加水稀释至 1 L	浓度 0.1 mol·L⁻¹
硝酸铅	称取 83 g Pb(NO₃)₂ 溶于少量水中, 加入 15 mL 6 mol·L⁻¹ HNO₃ 溶液, 加水稀释至 1 L	浓度 0.25 mol·L⁻¹
硝酸铋	称取 48.5 g Bi(NO₃)₃·5H₂O 溶于 250 mL 1 mol·L⁻¹ HNO₃ 溶液, 加水稀释至 1 L	浓度 0.1 mol·L⁻¹
硫酸亚铁	称取 69.5 g FeSO₄·7H₂O 溶于含有 5 mL 18 mol·L⁻¹ H₂SO₄ 溶液的适量水中, 再加水稀释至 1 L, 并置入小铁钉数枚	浓度 0.25 mol·L⁻¹
碘水	将 1.3 g I₂ 溶解在含有 5 g KI 的尽可能少量水中, 待 I₂ 完全溶解后 (充分搅拌) 再加水稀释至 1 L	浓度 0.005 mol·L⁻¹
奈斯勒试剂	称取 115 g HgI₂ 和 80 g KI 溶于足量的水中, 稀释至 500 mL, 然后加入 500 mL 6 mol·L⁻¹ NaOH 溶液, 静置后取其清液保存于棕色试剂瓶中	—

续表

名称	配制方法	备注
硫代乙酰胺	5 g 硫代乙酰胺溶于 100 mL 水中	浓度 5%
钙指示剂	0.2 g 钙指示剂溶于 100 mL 水中	浓度 0.2%
镁指示剂	0.001 g 对硝基偶氮间苯二酚溶于 100 mL 2 mol·L^{-1} NaOH 溶液中	浓度 0.001%
铝指示剂	1 g 铝指示剂溶于 1 L 水中	浓度 0.1%
饱和亚硫酸氢钠	在 100 mL 40% 亚硫酸氢钠溶液中，加入不含醛的无水乙醇 25 mL。混合后，滤去少量亚硫酸氢钠晶体，取滤液备用	此溶液不稳定，易氧化分解，宜在应用前临时配制
2，4-二硝基苯肼试剂	称取 2，4-二硝基苯肼 3 g，溶于 15 mL 浓硫酸中，将此溶液慢慢加入 70 mL 95% 乙醇溶液中，再加蒸馏水稀释到 100 mL，过滤，取滤液备用	储存于棕色试剂瓶中
碘溶液	称取碘 2 g，加入含有 5 g 碘化钾的 4 mL 水中，完全溶解后加水至 100 mL	
费林（Fehling）试剂	A 溶液：取 34.6 g 硫酸铜溶于水中，加 0.5 mL 浓硫酸，用水稀释至 500 mL。B 溶液：取 172 g 酒石酸钾钠、70 g 氢氧化钠，溶于 500 mL 水中	两种溶液分别储存，用时等量混合
席夫（Schiff）试剂	将 0.5 g 品红盐酸盐溶于 500 mL 水中，过滤。另取 500 mL 水，通入二氧化硫至饱和。两者混匀即得	密封保存于棕色试剂瓶中
本内迪克特（Benedict）试剂	称取柠檬酸钠 20 g、无水碳酸钠 11.5 g，溶于 100 mL 热水中，在不断搅拌下把含 2 g 硫酸铜晶体的 20 mL 水溶液慢慢加到此柠檬酸钠和碳酸钠的溶液中。溶液应澄清，否则需过滤	此溶液不易变质，不必配成 A、B 溶液分开存放
卢卡斯（Lucas）试剂	将 34 g 熔化过的无水氯化锌溶于 23 mL 纯的浓盐酸中，同时冷却，以防氯化氢逸出，约得 35 mL 溶液，放冷后即得	密封保存于玻璃瓶中
托伦（Tollen）试剂	量取 20 mL 5% 硝酸银溶液，放在 50 mL 锥形瓶中，滴加 2% 氨水，振摇，直到沉淀刚好溶解	现用现配
苯肼试剂	①溶解 4 mL 苯肼于 4 mL 冰醋酸中，加水 36 mL，加入活性炭 0.5 g，过滤；②也可以溶解 5 g 盐酸苯肼于 160 mL 水中，加入 0.5 g 活性炭脱色过滤，再溶解 9 g 乙酸钠晶体而成；③也可以将 2 份盐酸苯肼和 3 份乙酸钠混合研匀，临用时取适量混合物溶于水，直接使用	储存于棕色试剂瓶中，易水解，久置变质，盐酸苯肼转变为乙酸苯肼，后者水解生成苯肼，③法可以防止水解变质
氯化亚铜氨溶液	取 1 g 氯化亚铜，加 1~2 mL 浓氨水和 10 mL 水，用力振摇，静置片刻，倾出溶液，并投入一块铜片（或一根铜丝）储存备用	此溶液由于亚铜盐易被空气中的氧氧化而呈蓝色，可在温热下滴加 20% 盐酸羟胺溶液使蓝色褪去，再用于实验
米伦（Millon）试剂	将 1 g 金属汞溶于 2 mL 浓硝酸中，加水到 6 mL，加入活性炭 0.5 g，搅拌，过滤	内含汞、亚汞的硝酸盐和亚硝酸盐、过量的硝酸会反应生成亚硝酸
茚三酮试剂	溶解 0.1 g 水合茚三酮于 50 mL 水中	2 天内用完，久置变质、失效
莫立许（Molish）试剂	称取 α-萘酚 10 g 溶于适量 75% 乙醇溶液中，再用同样的乙醇溶液稀释至 100 mL	用前配制

附录十五　常用基准物质的干燥条件及应用

基准物质		干燥后的组成	干燥条件/℃，时间	标定对象
名称	分子式			
碳酸氢钠	$NaHCO_3$	Na_2CO_3	270～300	酸
无水碳酸钠	Na_2CO_3	Na_2CO_3	260～270，0.5h	酸
硼砂	$Na_2B_4O_7 \cdot 10H_2O$	$Na_2B_4O_7 \cdot 10H_2O$	NaCl–蔗糖饱和液干燥器中室温保存	酸
碳酸氢钾	$KHCO_3$	K_2CO_3	270～300	酸
二水合草酸	$H_2C_2O_4 \cdot 2H_2O$	$H_2C_2O_4 \cdot 2H_2O$	室温空气干燥	碱或 $KMnO_4$
邻苯二甲酸氢钾	$KHC_8H_4O_4$	$KHC_8H_4O_4$	105～110	碱或 $HClO_4$
重铬酸钾	$K_2Cr_2O_7$	$K_2Cr_2O_7$	130～140，0.5～1h	还原剂
溴酸钾	$KBrO_3$	$KBrO_3$	120，1～2h	还原剂
碘酸钾	KIO_3	KIO_3	105～120	还原剂
铜	Cu	Cu	室温干燥器中保存	还原剂
三氧化二砷	As_2O_3	As_2O_3	105，1h	氧化剂
碳酸钙	$CaCO_3$	$CaCO_3$	110	EDTA
锌	Zn	Zn	室温干燥器中保存	EDTA
氧化锌	ZnO	ZnO	900～1000	EDTA
氯化钠	NaCl	NaCl	250～350，2h	$AgNO_3$
硝酸银	$AgNO_3$	$AgNO_3$	120，2h	氯化物
草酸钠	$Na_2C_2O_4$	$Na_2C_2O_4$	105～110，2h	$KMnO_4$
对氨基苯磺酸	$C_6H_7O_3NS$	$C_6H_7O_3NS$	120	$NaNO_2$
苯甲酸	$C_7H_6O_2$	$C_7H_6O_2$	硫酸真空干燥器中干燥至恒重	CH_3ONa

附录十六 常用有机试剂的属性

名称	英文名称	结构式	分子式	分子量	物理形态/毒性	熔点/℃	沸点/℃	闪点/℃	折射率	密度/(g/cm³)	溶解性
甲醇	methanol	CH_3OH	CH_4O	32.04	无色液体/有毒、神经视力损害	−97.7	64.7	11	1.3284^{20}	0.7913^{20}_4	misc aq、alc、bz、eth、chl
乙醇	ethanol	CH_3CH_2OH	C_2H_6O	46.07	无色液体/微毒、麻醉	−117.3	78.5	13	1.3611^{20}	0.7894^{20}_4	misc aq、alc、eth、chl
乙醚	diethyl ether	$(CH_3CH_2)_2O$	$C_4H_{10}O$	74.12	无色液体/麻醉性能	−116.3	34.6	−45	1.3527^{20}	0.7134^{20}_4	6aq(100); misc alc、eth、chl
丙酮	acetone	$CH_3\overset{O}{\overset{\|}{C}}CH_3$	C_3H_6O	58.08	无色液体/微毒、麻醉	−95.35	56.2	−20	1.3591^{20}	0.7908^{20}_4	misc aq、alc、chl、DMF
乙酸	acetic acid/ ethanoic acid	CH_3COOH	$C_2H_4O_2$	60.05	无色液体/低毒、刺激	16.7	117.9	39 (CC)	1.3718^{20}	1.0492^{20}_4	misc aq、alc、eth、CCl_4
乙酸酐	acetic anhydride	$CH_3\overset{O}{\overset{\|}{C}}O\overset{O}{\overset{\|}{C}}CH_3$	$C_4H_6O_3$	102.09	无色液体/低毒、刺激	−73.1	140.0	54 (CC)	1.3904^{20}	1.0820^{20}_4	s eth、chl; slowly s aq
二氧六环	1, 4-dioxane	(二氧六环结构式)	$C_4H_8O_2$	88.11	无色液体	11.8	101.2	12	1.4224^{20}	1.0329^{20}_4	misc aq、alc、eth、chl、bz、PE
苯	benzene	(苯环结构式)	C_6H_6	78.12	无色液/中毒;神经、造血损害	5.5	80.1	−11 (CC)	1.5011^{20}	0.8787^{20}_4	0.17 aq; misc most org solv
甲苯	methyl benzene/ toluene	(甲苯结构式 —CH₃)	C_7H_8	92.14	无色液/剧毒;刺激;神经损害	−94.9	110.6	4	1.4960^{20}	0.8660^{20}_4	misc aq、alc、eth、chl: 0.067 aq
三氯甲烷	chloroform	$CHCl_3$	$CHCl_3$	119.39	无色液体/强麻醉,易转变光气	−63.6	61.1	none	1.4459^{20}	1.4832^{20}_4	0.50aq; misc alc、eth、bz、PE、CCl_4
二氯甲烷	dichloro— methane	CH_2Cl_2	CH_2Cl_2	84.93	无色液体/中毒、麻醉	−95	40	none	1.4246^{20}	1.3265^{20}_4	1.3 aq; misc alc、eth
四氯化碳	carbon tetrachloride	CCl_4	CCl_4	153.82	无色液体/中毒;心、肝,肾损害	−22.99	76.7	none	1.4607^{20}	1.5940^{20}_4	0.05 aq; misc alc、eth、bz、PE、CS_2、chl

续表

名称	英文名称	分子式	结构式	分子量	物理形态态毒性	熔点/℃	沸点/℃	闪点/℃	折射率	密度/(g/cm³)	溶解性
乙酸乙酯	ethyl acetate	$C_4H_8O_2$	$CH_3COC_2H_5$ (O)	88.11	无色液体/低毒，麻醉	-83.58	77.06	-4	$1.372\ 3^{20}$	$0.900\ 3^{20}_4$	9.7aq; misc alc、acet、chl、eth
四氢呋喃	tetrahydrofuran	C_4H_8O		72.11	无色液体/麻醉，肝肾损害	-108.5	65	-14	$1.405\ 0^{20}$	$0.889\ 2^{20}_4$	misc aq、alc、eth、PE
二甲基亚砜	dimethyl sulfoxide	C_2H_6OS		78.13	无色液体/微毒类	18.5	189.0	95	$1.417\ 0^{20}$	1.101^{20}_4	s alc、acet、bz、chl
吡啶	pyridine	C_5H_5N		79.10	无色液/麻醉，刺激；肝肾损害	-41.6	115.2	20	$1.506\ 7^{25}$	$0.982\ 7^{25}_4$	misc aq、alc、eth
乙腈	acetonitrile	C_2H_3N	CH_3CN	41.05	无色液体/中毒，刺激	-44	81.6	6	$1.346\ 0^{15}$	$0.787\ 5^{15}_4$	misc aq、acet、alc、chl、eth、EtOAc
石油醚	petroleum ether	戊烷+正己烷			无色液体/低毒		60~90			0.63~0.66	misc bz、eth、chl、CCl₄
石油醚	petroleum ether	戊烷+正己烷			无色液体/低毒		35~60	-49	$1.363\ 0^{20}$	0.63~0.66	misc bz、eth、chl、CCl₄
正丁醇	n-butyl alcohol	$C_4H_{10}O$	$C_3H_7CH_2OH$	74.12	无色液体/低毒；麻醉	-89.5	117.7	37	$1.399\ 3^{20}$	$0.809\ 7^{20}_4$	7.4 aq; misc alc、eth
异丙醇	isopropyl alcohol	C_3H_8O	$(CH_3)_2CHOH$	60.10	无色液/微毒，刺激，视力损害	-89.5	82.4	12	$1.377\ 2^{20}$	$0.785\ 5^{20}_4$	misc aq、alc、chl、eth
硝基苯	nitrobenzene	$C_6H_5NO_2$	$-NO_2$	123.11	无色液体/中毒性	5.8	210.8	88	$1.554\ 6^{15}$	1.205^{15}_4	s alc、bz、eth
N,N-二甲基甲酰胺	dimethyl formamide	C_3H_7NO	$HC(O)-N(CH_3)_2$	73.10	无色液体/低毒，刺激	-60.4	153.0	57	$1.428\ 2^{25}_4$	$0.948\ 7^{20}$	misc aq、alc、bz、eth

注：CC（closed cup），闪点试验用闭杯；misc、可混溶的，soluble in all proportions(miscible)；aq、aqueous, water, 水；alc、alcohol (ethanol usually)，乙醇；bz、benzene，苯；eth、diethyl ether，二乙醚；chl、chloroform，三氯甲烷；acet、acetone，丙酮；PE、petroleum ether，石油醚；s、soluble，可溶的

附录十七　常用干燥剂

一、金属、金属氢化物

Al、Ca、Mg：常用于醇类溶剂的干燥。

Na、K：适用于烃、醚、环己胺、液氨等溶剂的干燥。绝对不可以用于卤代烃的干燥，有引起爆炸的危险。不能用于干燥甲醇、酯、酸、酮、醛与某些胺等。醇中含有微量水分时可加入少量金属钠直接蒸馏。

CaH_2：氢化钙（1 g）可定量地与水（0.85 g）反应，因此比碱金属、五氧化二磷干燥效果好，适用于烃、卤代烃、醇、胺、醚等，特别是四氢呋喃等环醚、二甲基亚砜、六甲基磷酰胺等溶剂的干燥。有机反应常用的极性非质子溶剂也是用此法进行干燥。

$LiAlH_4$：常用于醚类等溶剂的干燥。

二、碱性干燥剂

KOH、NaOH：适用于干燥胺等碱性物质和四氢呋喃一类环醚。酸、酚、醛、酮、醇、酯、酰胺等不适用。

K_2CO_3：适用于碱性物质、卤代烃、醇、酮、酯、腈等溶剂的干燥。不适用于酸性物质。

CaO：适用于干燥醇、碱性物质、腈、酰胺。不适用于酮、酸性物质和酯类。

三、酸性干燥剂

H_2SO_4：适用于干燥饱和烃、卤代烃、硝酸、溴等。醇、酚、酮、不饱和烃等不适用。

P_2O_5：适用于烃、卤代烃、酯、乙酸、腈、二硫化碳等。醚、酮、醇、胺等不适用。

四、中性干燥剂

$CaSO_4$、Na_2SO_4、$MgSO_4$：适用于烃、卤代烃、醚、酯、酰胺、腈等溶剂的干燥。

$CaCl_2$：适用于烃、卤代烃、醚、硝基化合物、环己胺、腈、二硫化碳等。$CaCl_2$ 能与伯醇、甘油、酚、某些类型的胺、酯等形成配合物，故不能使用。

活性氧化铝：适用于烃、胺、酯、甲酰胺的干燥。

分子筛：分子筛在水蒸气分压低和温度高时吸湿容量都很显著，与其他干燥剂相比，吸湿能力是非常大的。附表18-1为各种干燥剂的吸湿能力比较（指常温下经足够量的干燥剂干燥的各种溶剂残存水分的毫克数）。分子筛在各种干燥剂中，其吸湿能力仅次于五氧化二磷。由于大部分溶剂都可以用分子筛脱水，故在实验室中应用比较广泛。

附表 18-1　各种分子所选用的分子筛类型

3A	4A	5A	10X	13X
H_2	CH_4	C_3H_3	C_6H_6	1，3，5-三甲苯
O_2	C_2H_6	C_4H_{10}	$C_6H_5CH_3$	
N_2	CH_3OH	C_2H_5Cl	$C_6H_4(CH_3)_2$	
CO	CH_3CN	C_2H_5Br	环己烷	
CO_2	CH_3NH_2	C_2H_5OH	噻吩	
NH_3	CH_3Cl	$C_2H_5NH_2$	呋喃	
H_2O	CH_3Br	CH_2Cl_2	吡啶	
	C_2H_2	CH_2Br_2	二氧六环	
	CS_2	$(CH_3)_2NH$	萘	
	CH_3I		喹啉	

附录十八　常用有机溶剂的纯化

一、乙　　醇

沸点为 78.5℃，折射率（n_D^{20}）为 1.3611，密度（d_4^{20}）为 0.7894 g/cm³。由于乙醇与水能形成共沸混合物，所以不能用分馏方法制备无水乙醇。

（一）99.5% 乙醇溶液

市售的无水乙醇随着等级的不同，乙醇含量也略有差异。化学纯（CP）的乙醇含量≥99.5%。分析纯（AP）的乙醇不少于 99.7%，已能满足一般实验要求。若需要绝对无水乙醇可按下述方法处理。

（二）绝对无水乙醇

1. 用金属镁制备　取 1000 mL 圆底烧瓶安装球形冷凝管，在冷凝管上端附加一支氯化钙干燥管，瓶内放置 2~3 g 干燥洁净的镁条与 0.3 g 碘，加入 30 mL 99.5% 乙醇溶液。在水浴内加热至碘粒消失（如果不起反应，可再加入数个小粒碘），然后继续加热，使镁完全溶解后，将 500 mL 99.5% 乙醇溶液加入，继续加热回流 30 min，蒸出乙醇。先蒸出的 10 mL 弃去，然后将其收集于干燥洁净的瓶内储存。如此所得乙醇纯度可超过 99.95%。

由于无水乙醇具有非常强的吸湿性，故在操作过程中必须防止水分吸入，所用仪器需要事先置于烘箱内干燥。

利用该方法脱水按下列步骤进行：

$$Mg+2C_2H_5OH \longrightarrow H_2+Mg(OC_2H_5)_2$$

$$Mg(OC_2H_5)_2+2H_2O \longrightarrow Mg(OH)_2+2C_2H_5OH$$

2. 用金属钠制备　金属钠与金属镁的作用相似。但是单用金属钠并不能完全去除乙醇中含有的水分。因为这一反应有如下的平衡：

$$C_2H_5ONa+H_2O \rightleftharpoons NaOH+C_2H_5OH$$

若要使平衡向右移动，可以加过量的金属钠，增加乙醇钠的生成量，但这样做，造成了乙醇的浪费，因此通常是加入高沸点的酯，如邻苯二甲酸乙酯或琥珀酸乙酯，以消除反应中生成的氢氧化钠。这样制得的乙醇，只要能严格防潮，含水量可以低于 0.01%。

操作方法：取 500 mL 99.5% 乙醇溶液盛于 1000 mL 圆底烧瓶内，安装球形冷凝管和干燥管，加入 3.5 g 金属钠，待其完全作用后，再加入 12.5 g 琥珀酸乙酯或 14 g 邻苯二甲酸乙酯回流 2 h，然后蒸出乙醇，先蒸出的 10 mL 弃去，其余收集于干燥洁净的瓶内储存。

二、无水甲醇

沸点为 64.7℃，折射率（n_D^{20}）为 1.3284，密度（d_4^{20}）为 0.7913 g/cm³。一般甲醇含水量为 0.5%~1%，因此制备无水甲醇，可直接用高效分馏柱进行分馏。因为甲醇不溶于水生成共沸溶液，故也可依照无水乙醇用镁法制取。甲醇有毒，处理时应避免吸入蒸气。

三、异　丙　醇

沸点为 82.4℃，折射率（n_D^{20}）为 1.3772，密度（d_4^{20}）为 0.7855 g/cm³。工业品含量为 91% 左右。异丙醇与水生成共沸溶液（沸点为 80.3℃），可用新鲜煅炼的石灰回流 4~5 h，再用高效分馏柱分馏，收集沸点 82~83℃部分。若要无水异丙醇，则可将沸点 82~83℃部分的蒸馏液再用无水硫酸铜干燥数天，再分馏，至沸点恒定，则其中含水量可少于 0.1%。

四、无水乙醚

沸点为 34.6℃，折射率（n_D^{20}）为 1.3527，密度（d_4^{20}）为 0.7134 g/cm³。市售的分析纯无水乙醚含有 0.1% 的醇和 0.05% 的水，对用于格里斯试剂的无水乙醚常需用的是绝对乙醚。久藏的乙醚常含有少量过氧化物，使用前必须处理。

（一）过氧化物的检验及除去

取少量乙醚，加等体积的 2% 碘化钾溶液和几滴稀硫酸，振荡，再加入 1 滴淀粉溶液，出现蓝紫色即表示有过氧化物存在。

除去乙醚中的过氧化物，可采用酸性硫酸亚铁（配方为 100 mL 水、6 mL 浓硫酸和 60 g $FeSO_4 \cdot 7H_2O$）洗涤乙醚数次，然后用水洗涤，用无水氧化钙干燥除去大部分水，蒸馏即得无过氧化物的乙醚。

（二）无水乙醚的制备

1. 将 250 mL 的普通乙醚置于 1000 mL 的分液漏斗内，加入 10 mL 硫酸亚铁溶液及 100 mL 水充分振摇，若乙醚中无过氧化物，则可省去用硫酸亚铁溶液洗涤。然后分出醚层，用无水氯化钙干燥 (氯化钙用量一般为乙醚的 1/5 左右)，至少放置 24 h，并不时加以振摇，干燥后的乙醚用过滤方法除去氯化钙，蒸馏收集 33～37℃馏分。将乙醚装于干燥洁净的磨口试剂瓶内，压入钠丝干燥，瓶口先用带有干燥管的软木塞塞住，放置 48 h 后，若金属钠表面仍呈光泽且无气泡发生，则可将软木塞取下，用原瓶塞塞紧，放于阴凉处，以备使用。如在 48 h 后，金属钠表面已起变化，则需将乙醚过滤于另一干燥洁净的试剂瓶内，再压入钠丝干燥。

2. 在 250 mL 圆底烧瓶中，放入 100 mL 乙醚，配上球形冷凝管，从冷凝管口的分液漏斗中慢慢滴加 7 mL 浓硫酸，由于酸的放热导致乙醚发生沸腾回流。硫酸滴加完毕，将装置改为蒸馏装置，并加入几粒沸石，在真空接收器的抽气口连接一个氯化钙干燥管，以防乙醚受潮。收集的乙醚加入钠丝，用带有氯化钙干燥管的软木塞塞住，放置至无气泡发生即可使用。

五、丙　　酮

沸点为 56.2℃，折射率（n_D^{20}）为 1.3591，密度（d_4^{20}）为 0.7908 g/cm³。普通丙酮常含有少量水、甲醇和乙醇、醛等杂质。丙酮的纯化常采用：在 100 mL 丙酮中加入 0.5 g 高锰酸钾进行回流，直至紫色不褪，然后将丙酮蒸出，用无水硫酸钙或无水硫酸钾干燥，过滤后蒸馏收集 55～56.5℃的馏分。

六、石　油　醚

石油醚为轻质石油产品，是分子量低的烃类 (主要是戊烷和己烷) 的混合物，其沸程为 30～150℃，收集的沸程区间一般为 30℃，通常用的为 30～60℃、60～90℃、90～120℃，相对密度为 0.63～0.66。

石油醚含有未饱和的碳氢化合物 (主要是芳香族)，有时需要除去。可将石油醚用其 10% 体积的浓硫酸洗涤 2～3 次，再用 10% 硫酸与高锰酸钾配成的浓溶液洗涤至颜色不褪，然后用水洗，以无水氯化钙干燥，蒸馏即得。若要绝对干燥，亦可压入钠丝。

七、环　己　烷

沸点为 80.75℃，折射率（n_D^{20}）为 1.426，密度（d_4^{20}）为 0.779 g/cm³。环己烷虽是石油中含有的成分之一，但通常并不是由此分离所得。目前环己烷仍以苯为原料经接触氢化制得，因此其中的不纯物主要是苯。作为一般溶液用时，并不需要特殊处理。倘若需除去苯，可用冷的硫酸与浓硝酸的混合液洗涤数次，使苯硝化后除去，然后用水洗，干燥分馏即得。

八、正 己 烷

沸点为68.7℃，折射率（n_D^{20}）为1.3748，密度（d_4^{20}）为0.6594 g/cm³。在60～70℃沸程的石油醚主要为正己烷，因此在许多方面可以用该沸程的石油醚代替正己烷为溶剂。纯品含量不低于99%，其中主要杂质为甲基环戊烷（沸点为71.8℃）及微量的正己烷的异构体。普通正己烷即工业品含量为95%左右，而甲基环戊烷的含量则为4%左右。分离甲基环戊烷的方法，是加入甲醇使其生成共沸混合物除去。

从石油分馏而得到的正己烷沸点在65～70℃者，则可按下法精制。

先用浓硫酸洗涤数次，继之以10%硫酸溶液与0.1 mol·L⁻¹高锰酸钾溶液洗涤，再用10%氢氧化钠溶液与0.1 mol·L⁻¹高锰酸钾溶液洗涤，最后用水洗，干燥，蒸馏即得。

九、二甲基亚砜

沸点为189.0℃，熔点为18.5℃，折射率（n_D^{20}）为1.4170，密度（d_4^{20}）为1.101 g/cm³。二甲基亚砜能与水混合，可用分子筛长期放置加以干燥，然后减压蒸馏，收集76℃/12 mmHg（1.60 kPa）的馏分。蒸馏时，温度不可高于90℃，否则会发生歧化反应生成二甲砜和二甲硫醚。也可用氧化钙、氢化钙、氧化钡或无水硫酸钡来干燥，然后减压蒸馏。也可用部分结晶的方法纯化。

二甲基亚砜与某些物质混合时可能发生爆炸，如氢化钠、高碘酸或高氯酸镁等，应予注意。

十、N, N-二甲基甲酰胺

沸点为153℃，折射率（n_D^{20}）为1.4282，密度（d_4^{20}）为0.9487 g/cm³。N, N-二甲基甲酰胺含有少量水分。常压蒸馏时有些分解，可产生二甲胺和一氧化碳。在有酸或碱存在时，可分解加快，所以加入固体氢氧化钾（钠）在室温放置数小时后，即有部分分解。因此，最常用硫酸钙、硫酸镁、氧化钡、硅胶或分子筛干燥，然后减压蒸馏，收集76℃/36 mmHg（4.80 kPa）的馏分。如含水较多时，可加入1/10体积的苯，在常压及80℃以下蒸去水和苯，然后用无水硫酸镁或氧化钡干燥，最后进行减压蒸馏。纯化后的N, N-二甲基甲酰胺要避光储存。N, N-二甲基甲酰胺与某些强氧化剂（KMnO₄、KNO₃等）、强还原剂（LiAlH₄、NaBH₄、NaH等）及Br₂、CCl₄等混合能发生反应，甚至是强烈的反应，应注意安全。

N, N-二甲基甲酰胺中如有游离胺存在，可用2, 4-二硝基氟苯产生颜色来检查。

十一、四氢呋喃

沸点为65℃，折射率（n_D^{20}）为1.4050，密度（d_4^{20}）为0.8892 g/cm³。市售的四氢呋喃常含有少量水分及过氧化物。通常是用固体氢氧化钾干燥，然后再加少许硫酸亚铁回流，然后蒸馏，或加少许氢化锂铝回流（通常1000 mL需2～4 g氢化锂铝）直至在处理过的四氢呋喃中加入钠丝和二苯酮，出现深蓝色的二苯酮钠且加热回流至蓝色不褪为止。然后蒸馏，收集66℃的馏分。精制后的液体加入钠丝并应在氮气氛中保存。如需较久放置，应加0.025% 2, 6-二叔丁基-4-甲基苯酚作抗氧剂。四氢呋喃中的过氧化物检查和处理参见无水乙醚。

十二、乙 酸 乙 酯

沸点为77.06℃，折射率（n_D^{20}）为1.3723，密度（d_4^{20}）为0.9003 g/cm³。乙酸乙酯沸点在76～77℃部分的含量为99%，已可应用。通常纯度为95%～98%的乙酸乙酯，含有少量水、乙醇与乙酸，可用如下方法精制。

取100 mL乙酸乙酯加入10 mL乙酸酐和1滴浓硫酸，加热回流4 h，除去乙醇和水等杂质，然后进行分馏。馏出液用2～3 g无水碳酸钾振摇干燥后再蒸馏，可得99.7%左右的纯度。

十三、二硫化碳

沸点为 46.5℃，折射率（n_D^{20}）为 1.631 89，密度（d_4^{20}）为 1.2661 g/cm³。二硫化碳有毒，且易着火，故应注意。纯品应为无色液体，但普通二硫化碳中含有硫化氢、硫黄与硫氧化碳等杂质，故其难闻。久置后颜色变黄。

二硫化碳的精制，是先用 0.5% 高锰酸钾水溶液洗涤 3 次，除去硫化氢，再用汞不断振摇，除去硫，最后用 0.25% 硫酸汞溶液洗涤，除去恶臭，再以氯化钙干燥，蒸馏即得。

十四、无水吡啶

沸点为 115.2℃，折射率（n_D^{20}）为 1.5067，密度（d_4^{20}）为 0.9827 g/cm³。分析纯的吡啶含有少量水分，但可供一般应用。如要制得无水吡啶可先用粒状氢氧化钾或氧化钡一起回流加热，然后隔绝潮气，蒸馏，收集沸点 114～116℃ 的馏分即得。无水吡啶具有吸湿性，生成水化物，沸点为 94.5℃。

十五、硝　基　苯

沸点为 210.8℃，折射率（n_D^{20}）为 1.5546，密度（d_4^{20}）为 1.205 g/cm³。硝基苯可能含二硝基苯及其他杂质，通常加入稀硫酸进行水蒸气蒸馏，大部分的杂质均可除去，然后将硝基苯分出，用无水氯化钙干燥，再蒸馏即得。硝基苯可能溶解一般溶剂难以溶解的物质，如遇一般溶剂难以溶解的物质，可以试用硝基苯溶解，但是必须注意，硝基苯在达到沸点温度时有氧化作用。

十六、二氯甲烷

沸点为 40℃，折射率（n_D^{20}）为 1.4246，密度（d_4^{20}）为 1.3265 g/cm³。使用二氯甲烷比三氯甲烷安全，因此常用它来代替三氯甲烷作为比水重的萃取剂。普通的二氯甲烷一般都能直接用作萃取剂。如需纯化，可用 5% 碳酸钠溶液洗涤，再用水洗涤，然后用无水氯化钙干燥，蒸馏收集 40～41℃ 的馏分，保存在棕色试剂瓶中。

十七、三氯甲烷

沸点为 61.1℃，折射率（n_D^{20}）为 1.4459，密度（d_4^{20}）为 1.4832 g/cm³。三氯甲烷在日光下易氧化成氯气、氯化氢和光气（剧毒），故三氯甲烷应储于棕色试剂瓶中。市场上供应的三氯甲烷多用 1% 乙醇作稳定剂，以消除产生的光气。三氯甲烷中乙醇的检验可用碘仿反应；游离氯化氢的检验可用硝酸银的醇溶液。

除去乙醇方法：可加入三氯甲烷体积 1/2 的水振摇数次，分离下层的三氯甲烷，用氯化钙干燥 24h，然后蒸馏。

另一种纯化方法：将三氯甲烷与少量浓硫酸一起振摇 2～3 次。每 200 mL 三氯甲烷用 10 mL 浓硫酸，分去酸层以后的三氯甲烷用水洗涤，干燥，然后蒸馏。

除去乙醇后的无水三氯甲烷应保存在棕色试剂瓶中并避光存放，以免光化作用产生光气。三氯甲烷不能用金属钠干燥，因为会发生爆炸。

十八、四氯化碳

沸点为 76.7℃，折射率（n_D^{20}）为 1.4607，密度（d_4^{20}）为 1.5940 g/cm³。普通四氯化碳含有二硫化碳。除去方法：1 L 四氯化碳与相当于含有二硫化碳量的 1.5 倍的苛性钾加等量的水溶液，再加 100 mL 乙醇剧烈振摇 30 min（50～60℃），然后用水反复洗涤，用少量硫酸洗至无色，最后用水洗，以无水氯化钙干燥，蒸馏即得。四氯化碳不能用金属钠干燥，因为会发生爆炸。

十九、二氧六环

沸点为 101.2℃，折射率（n_D^{20}）为 1.4224，密度（d_4^{20}）为 1.0329 g/cm³。普通二氧六环含有少量乙醛、二乙醇缩醛与水，久储的二氧六环可能含有过氧化物。

二氧六环中含有的过氧化物除去方法：可用金属钠与之回流，使乙醛树脂化，再经分馏柱分馏以除去缩醛（沸点 82.5℃）或用稀酸将缩醛分解，随后分馏。具体操作如下。

取普通二氧六环，加入其体积 10% 的 1 mol·L⁻¹ 盐酸溶液回流 7 h，同时慢慢通入氮气或空气，以除去生成的乙醛，放冷，加入粒状氢氧化钾，直至不再溶解。将水层分去，再用粒状铝氧化钾干燥 1 d 后，用金属钠加热回流数小时，蒸馏即得。

附录十九　常用柱色谱法操作方法

一、Sephadex LH-20 柱色谱法

凝胶色谱法是 20 世纪 60 年代发展起来的一种分离分析方法，所使用的固定相"凝胶"具有分子筛的性质，操作方便，获得结果可靠。虽然凝胶价格昂贵，但因可以再生，故可多次反复使用。

联葡聚糖 LH-20（Sephadex LH-20）是交联葡聚糖凝胶的衍生物，在 Sephadex G-25 的羟基上引入羟丙基就是 Sephadex LH-20，与 Sephadex G 比较，羟基总数虽无改变，但碳原子所占比例却相对增加，因此与 Sephadex G 不同，其不仅可以在水中应用，也可以在极性有机溶剂或它们与水组成的混合溶剂中膨胀使用。这种凝胶的使用方法与交联葡聚糖凝胶类似。用低级醇为溶剂时，芳香族、杂环化合物在凝胶上有阻滞作用；但用三氯甲烷为溶剂时，这些化合物不受阻滞，而对含羟基和含羧基的化合物有阻滞作用。Sephadex LH-20 对极性较小的化合物的分离范围为 $100 \sim 2000$ 和 $100 \sim 20\,000$ 两种。

1. 装柱　粗分时可选用较短的色谱柱，如果要提高分离效果则可适当增加柱的长度，柱长的增加能极大地改善分离。在色谱柱的下端要装有砂芯滤板，为了减少样品在洗脱离开凝胶后扩散造成的拖尾现象，滤板下面的空间要尽量小。为了使柱床装得均匀，要尽量一次装柱。

Sephadex LH-20 在使用之前必须进行溶胀。在溶胀的过程中，要尽量避免过分搅拌，否则会破坏球形胶粒，且要避免使用磁力搅拌器。在室温下，将凝胶溶胀于溶剂中至少 3 h，溶胀后胶体积的大小取决于所使用的溶剂系统，参照干胶溶胀表计算特定柱体积所需要干胶的量，使其之后的体积沉淀占总体积的 75%，上层溶剂占 25%，这时，悬浮液从一个容器倒入另一容器时胶粒可移动。将溶胀后的凝胶根据装柱要求均匀倒入柱内，在保证胶粒不变形的前提下，应在尽可能高的压力下装柱，反压不要超过 1.5 kPa。

2. 上样　样品溶液的体积为总体积的 0.01 为宜，为延长色谱柱的使用寿命，样品在上柱前要过滤或离心。装好的色谱柱至少要用相当于 3 倍量柱床的洗脱液平衡，待平衡液流至床表面以下 $1 \sim 2$ mm 时，关闭出口，用滴管吸取样品溶液，在床表面上约 1 cm 高度，沿色谱柱管壁徐徐加入样品溶液。加完后打开出口，使样品完全渗入色谱床。再关闭出口，用少量洗脱液将管壁残留的样品洗下，再打开出口，至溶液渗入柱内，再关闭出口。在柱床上面覆以薄层脱脂棉，以保护柱床表面，然后加入洗脱液进行洗脱。

3. 洗脱　Sephadex LH-20 洗脱溶剂分为两类：反相和正相两种。如果样品极性大，应选用反相溶剂洗脱，以甲醇-水系统最为常见。先用水，逐渐增加甲醇比例，最后用 100% 甲醇冲柱。如果样品极性小，应选用正相溶剂洗脱，以三氯甲烷-甲醇最为常见，先用 50% 三氯甲烷-甲醇，逐渐增加甲醇比例，最后用 100% 甲醇冲柱。洗脱体积一般为 $2 \sim 3$ 个保留体积，对特殊保留强的化合物，可洗脱 5 个保留体积。

4. 收集和检出　凝胶色谱流速较慢，可以 1/10 或 1/20 个保留体积接一个流分，因收集的流分较多，可以与分布收集器相连。如果样品为蛋白质、核苷酸或多肽类，可采用紫外检测器检出，它们的检测波长分别是 280nm、260nm 和 230nm。生物大分子化合物对热敏感，回收溶剂时要在低温下进行，最好采用冷冻干燥的方法。

5. 凝胶的再生　Sephadex LH-20 的载体不会与被分离物发生任何作用，因此通常使用过的凝胶不需经过任何处理，每次用完，一般可用甲醇将柱子洗干净，然后用下一次分离的起步溶剂将甲醇替换出来，待用即可。

有时一些污染物沉积在柱床表面或使柱床表面的凝胶改变颜色，可将此部分的凝胶用刮刀刮去，加一些新溶胀的凝胶再进行平衡；如果整个色谱柱有微量污染，可用 0.8% 氢氧化钠溶液（含 0.5 mol·L^{-1} 氯化钠）处理。如果色谱柱床污染严重，则必须将凝胶再生，重新装柱后方可使用。

色谱柱经过多次反复使用后，如发现凝胶色泽改变，流速降低，表面有污染物等情况，可用下法再生：用50℃左右的2%氢氧化钠和0.5 mol·L⁻¹氯化钠的混合液浸泡后，再用水洗净即可。

二、离子交换柱色谱法

离子交换树脂是一种带有官能团（有交换离子的活性基团）、具有网状结构、不溶、不熔的高分子化合物，通常为球形颗粒物，具有很大的表面积，不溶于水和一般溶剂，但吸收水后膨胀。离子交换树脂由基体和离子交换基团组成，基体是苯乙烯或丙烯酸（酯）与交联剂二乙烯苯通过聚合反应形成的具有长分子主链及交联横链的网状骨架结构的聚合物，其网孔大小用交联度表示（加入交联剂的百分数）。交联度越大，则网孔越小，越紧密，在水中膨胀越小；反之亦然。交联度不同的离子交换树脂适用于分离不同大小的分子离子。离子交换基团有磺酸基（—SO₃H）、羧基（—COOH）、酚羟基、氨基（—NH₂）等。根据在基体上导入不同类型的离子交换基团（通常为酸性或碱性基团），离子交换树脂分为阳离子交换树脂和阴离子交换树脂两大类：分子中含有酸性基团，并能交换阳离子的交换树脂称为酸性阳离子交换树脂；分子中含有碱性基团，并能交换阴离子的交换树脂则称为碱性阴离子交换树脂。根据可交换基团的酸碱性强弱又进一步分为强酸性、弱酸性阳离子交换树脂和强碱性、弱碱性阴离子交换树脂等。

1. 离子交换树脂柱的预处理

（1）酸性阳离子交换树脂的预处理：将市售柱色谱用酸性阳离子交换树脂放入烧杯中，加5倍量80℃的蒸馏水溶胀30 min，倾去上面的泥状细粒，反复洗几次直至水澄清为止，倾出蒸馏水后加入5倍量2 mol·L⁻¹盐酸溶液，充分搅拌，放置0.5 h（静态转型），装入色谱柱，并使全部酸水溶液通过色谱柱（动态转型），流出液的速度以液滴不成串为宜。然后用蒸馏水洗至中性，用5倍量的4%氢氧化钠溶液进行交换，再用蒸馏水洗至中性。重复一次盐酸—氢氧化钠处理，加入10倍量2 mol·L⁻¹盐酸溶液进行交换，然后用蒸馏水洗至中性，液面保持在树脂层的上面，待用。

（2）碱性阴离子交换树脂的预处理：将市售柱色谱用碱性阴离子交换树脂放入烧杯中，加5倍量80℃的蒸馏水溶胀30 min，倾去上面的泥状细粒，反复洗几次直至水澄清为止，倾出蒸馏水后加入5倍量的4%氢氧化钠溶液，充分搅拌，放置0.5 h（静态转型），装入色谱柱，并使全部碱水溶液通过色谱柱（动态转型），流出液的速度以液滴不成串为宜。然后用蒸馏水洗至中性，用5倍量1 mol·L⁻¹盐酸溶液进行交换，再用蒸馏水洗至中性。重复一次氢氧化钠—盐酸处理，加入10倍量4%的氢氧化钠溶液进行交换，然后用蒸馏水洗至中性，液面保持在树脂层的上面，待用。

不耐热的离子交换树脂用蒸馏水进行常温溶胀处理，耐热性的离子交换树脂可在加温条件下处理。市售商品一般是湿性保存出售的，如果是干燥状态的树脂，不能直接加热，这样易引起龟裂，影响物理性能。为了避免此现象，可先加饱和氯化钠水溶液，待湿润后再加水，进行预处理或再生。

2. 样品量与树脂量的比例　每一种树脂都有一定的交换当量（1 g干燥树脂理论上能交换样品的毫克当量数）。如果用阳离子交换树脂，样品可以加到全交换当量的1/2；用阴离子交换树脂，样品可以加到全交换当量的1/4～1/3。

3. 上样　将适当浓度的天然药物提取液或所需分离（交换）的样品配成适当浓度的水溶液，以适当的流速通过离子交换树脂色谱柱，也可将样品溶液反复通过离子交换色谱柱，直到被分离的成分全部被交换到树脂上为止（可用显色反应进行检查）。然后用蒸馏水洗涤，除去吸附在树脂柱上的杂质。

4. 洗脱　当溶液通过离子交换树脂柱时，亲和力强的离子先被交换而被吸附在色谱柱的上部，亲和力弱的离子后被交换而被吸附在色谱柱的下部，不被交换的物质通过树脂而从柱中流出。当用一种洗脱剂进行洗脱时，则亲和力弱的（被交换在色谱柱下部的离子）离子先被洗脱下来。常用的洗脱剂有强酸、强碱、盐类、不同pH的缓冲溶液、有机溶剂等，既可以是单一浓度的，也可以是由低浓度到高浓度依次进行梯度洗脱。

对于总碱性物质，如生物碱的纯化，可以用碱，如氢氧化钠、氨水等先进行碱化，使生物碱变为游离型，然后再用有机溶剂进行回流提取或从色谱柱中直接进行洗脱；对于总酸性物质，如有机酸的纯化，则可用酸先进行酸化，使有机酸变为游离型，然后再用有机溶剂进行洗脱。

5. 离子交换树脂的再生　离子交换树脂是一类可反复使用的大分子吸附剂。使用过的树脂，如果还要继续交换同一个样品，可把盐型转换为游离型即可继续使用。如果要改为交换其他样品，则需要用预处理的方法进行再生，然后再继续使用。如果一段时间不用，则可加水后将其保存在广口瓶中。

三、反相硅胶柱色谱法

反相色谱法适用于分析大多数的非极性物质和很多的可离子化的及离子化合物。大多数用于反相色谱的固定相本质上都是疏水物质，因此，分析物是按照它们与固定相的疏水相互作用的大小程度来分离的，样品基体中其他疏水杂质组分也能以同样的方式保留。

除 C_{18}、C_8、C_4、C_2、C_1、CN、NH_2 和 Phenyl 等常见的一些键合硅胶固定相外，还有几个分支品种，如混合相固定相（如苯基–己基）、封尾和未封尾的填料种类及极性嵌入固定相等。还有其他很多填料也用于反相色谱，包括聚合物、聚合物包覆硅胶和聚合物包覆氧化铝、无机–有机杂化物、涂覆氧化锆和石墨化碳等。不同的固定相分别都有自己的优点和缺点。

1. 装柱　根据样品量和分析要求选择分离柱。常用直径和长度比为 1∶50～1∶10 的玻璃管，下端用玻璃丝塞住或固定一砂芯板。样品量和吸附剂之比，通常为 1∶50～1∶30。吸附剂的粒度一般为 80～100 目。使用前应根据需要进行活化处理。

2. 加样　溶解样品的溶剂极性要小，样品浓度要适当，但加样体积要尽量小，使样品带尽可能窄。

3. 洗脱　选择合适的洗脱剂进行洗脱。在洗脱时要控制流速，对于 1 cm 直径的玻璃柱，通常流速为 $0.5～2.0\ mL \cdot min^{-1}$。流速太快，分离不好；流速太慢，分离时间太长。洗脱时应注意不让洗脱剂流干，以免影响分离效果。

4. 组分收集和鉴定　对于有色组分，可以直接看到各个分离后的色带；对于无色物质，可以定体积收集流出液，用薄层色谱或其他检测方法鉴定。分离后的各个组分，可分段洗脱，分别测定；也可以将整条吸附剂从柱中推出，分段切开，分别洗脱后测定。

5. 色谱柱的再生　经过使用后的色谱柱，有时用 90%～100% 含量的溶剂 B（双溶剂反相系统中洗脱能力较强的溶剂，如甲醇、乙腈、四氢呋喃等）冲洗 20 个柱体积可以清除污染物。如果使用的是缓冲盐系统，不要直接切换到强溶剂，突然转换到高浓度有机溶剂可能会使流动体系中的缓冲盐沉淀，这样会导致更大的问题，如柱头堵塞、连接管路堵塞等。应该先用无缓冲盐流动相（即把缓冲液换成水），冲洗 5～10 个柱体积以后才切换到用强溶剂清洗。

所有清洗方法的模式类似，溶剂系列中所用溶剂的强度逐级增加，最后一个溶剂往往是非极性的（如乙酸乙酯甚至是烷烃），以便于溶解脂质、油类等非极性污染物。溶剂系列中每个溶剂都保证能与下一个溶剂互溶。整个清洗过程结束后，在回到原来的流动相体系前，必须借助一个中等强度的互溶性非常好的溶剂过渡。

对于典型的 C_{18} 反相柱，在未使用缓冲溶液的条件下，推荐使用以下清洗溶剂系列：100% 甲醇—100% 乙腈—75% 乙腈/25% 异丙醇—100% 异丙醇—100% 二氯甲烷—100% 正己烷。用每种溶剂冲洗至少 10 个柱体积。最后用 10 个柱体积的异丙醇过渡，然后回到原来的流动相体系（但不含缓冲盐），最后回复到起始流动相配置。四氢呋喃也是另外一种常用的清洗溶剂。如果怀疑柱子被严重污染，还可用二甲基亚砜（DMSO）或二甲基甲酰胺和水按 50∶50 的比例混合，以低于 $0.5\ mL \cdot min^{-1}$ 的流速冲洗色谱柱。